百年糕餅

老師傅珍藏木模技藝大公開

張尊禎／著

風華再現

「做餅人」的使命感——傳承美味技藝

張國榮

年少時成長於花蓮的小鄉間，那個年代物資貧乏，小街道上僅有著一家漢餅店，販賣傳統的糕餅點心，每當上下學路經餅店門口，聞到陣陣的餅香，都會不由自主的停下腳步，望著金黃色造形、美麗誘人的糕點，深吸幾口香氣，暗暗吞吞口水，想像糕餅的美味，也羨慕著那製餅的師傅能夠時時沐浴在餅香美味中，心裡立定目標，將來也要成為「做餅人」。

稍長，帶著憧憬離開那介於花蓮—台東的山城，投入了這輩子我唯一會做的烘焙業，圓一個「做餅人」的夢想，轉瞬間已過三十餘載，台灣的烘焙業也由早期的「漢餅店」進化到可與世界同步的時尚產業，但傳統的餅藝也逐漸式微了。

糕餅業是與民俗生活息息相關的產業，世界各地都有著屬於自己的糕餅文化。台灣地理條件特殊，人文薈萃，原本豐富多元的糕餅文化，卻隨著時代快速的變遷而改變。眼見傳統的美味技藝即將在這時代潮流中被吞沒，身為「做餅人」有著使命感，要將這美味技藝傳承下去。我們有幸獲得張尊禎老師的首肯執筆，以及眾同仁的無私奉獻，為這塊烘焙園地盡一份心力，衷心感謝。

（作者為「台北市糕餅商業同業公會」理事長）

發揚傳統糕點之美

盧訓

台灣糕餅文化源自福建，發源於清末民國初年，文人雅士、墨客騷人在吟詩做對之餘，手捻一酥糕，享受糕點茗茶，是當時消遣之最高享樂。當時之糕餅製作，講求手工技藝的香、酥、脆、甜，並配合豆餡；在午後茶聚之際，將糕餅放入茶中，有格外香甜之味，讓人就在吟唱詩歌之餘享受到人間美食。

但西方飲食文化東進後，西式糕點成為年輕人的最愛，傳統糕點之美逐漸為人忘卻。其實，木模曾伴隨我們不少人成長、讓我們在年節喜慶有所依歸；不管是由麵粉或米製做成的月餅或紅龜粿，都有我中華兒女家庭團圓、和諧的意義，且讓我們深深感受到中秋、端午、元宵三大節慶與過年的歡欣喜樂，這是西方糕點無法比擬之處。

台北市糕餅公會在近十年全力為傳統糕點之永續發展努力，讓我十分感動，因為這是我們的文化遺產，更是我們的飲食文化驕傲。本所與糕餅業有著密不可分與相互支持的情感，也有責任要將百年糕餅文化持續發揚。因此，中華穀類食品工業技術研究所在五十年前，即開始著手傳統中華麵食文化之發揚，歷經五十年之堅持而茁壯成長。

由台北市糕餅公會策劃出版的這本書，重新發掘台灣糕餅木模的文化意涵與藝術價值，加上老店家及老師傅的現身說法、技藝示範，把傳統糕點文化宣揚到華人世界，除展現台灣對於中式傳統糕點的用心與執著，也讓老師傅的木模製作糕點技藝得以源遠流長。感謝台北市糕餅公會給我這個機會，能為本書寫推薦序，是我的榮譽，也是我最高興的事。值此《百年糕餅　風華再現》付梓之際，特為之序。

（作者為「中華穀類食品工業技術研究所」所長）

傳統老技藝，臺北續飄香

「王者以民為天，民以食為天」，飲食在我們的日常生活中扮演重要角色，首求溫飽而後求美觀精緻，亙古不變。隨著時間推移，臺北可以說是名符其實的美食天堂，走在大馬路上或隨意轉進巷弄裡，俯拾即是令人驚喜的美味料理。

糕餅也是臺北美食文化重要的一環，逢年過節，吃糕品餅的傳統更是歷久彌新。無論是親朋好友結婚時傳遞幸福的傳統喜餅，令人特別能感受節日氣氛的中秋月餅等，都是你我熟悉且甜蜜的生活印記；而透過臺北市糕餅商業同業公會出版的這本新書《百年糕餅　風華再現》，我們不但可以一窺臺灣糕餅的多元樣貌，還能看到難得一見的木模精湛傳統技藝。

正如作者所說，糕餅是食品，無法長期保存，我們想要了解食物的文化，知道老祖宗吃的是什麼糕餅，透過製作糕餅的器具是最好不過的方法了。書中介紹了四家超過半世紀的老店，娓娓道來傳統木模陪他們走過的悠悠歲月；十字軒糕餅鋪、老永春餅店、福利麵包公司以及郭元益餅店，這些老店都發跡於臺北，有的仍堅持使用傳統木模，有的從中擷取創意而有了新氣象。其中的十字軒糕餅鋪創立於一九三〇年，不但是老臺北人喜歡的熟悉味道，位於大稻埕延平北路的老店所在地，也由臺北市政府文化局列入歷史建築。許多朋友前去時，都特別喜歡一邊買餅一邊欣賞古蹟。

此外，書中也介紹了四十支歷史悠久的木模，透過作者細膩溫暖的文字，讓我們得以看到糕餅木模的工藝之美。如今，雖然木模因為糕餅業步入自動化生產的年代，在商業量產考量下而逐漸減少使用，但卻轉變成為許多老餅鋪的鎮店之寶以及珍貴的藝術品；

最後本書別出心裁，透過老師傳親自示範如何使用各式木模製作多種餅、糕、粿和糖塔，令人彷彿在字裡行間聞到充滿香氣的經典傳統糕餅味，再見百年糕餅風華。

木模帶給人溫潤質樸的手感，以及時間淬鍊出的文化光澤，這讓人不禁想到，臺北也是一樣；百年來的轉變，讓我們從傳統走向現代，但古今兼容並蓄、新舊時代交錯，也是這城市之所以令人喜歡的重要原因。我們有老酒廠改建的華山一九一四文化創意產業園區、有老菸廠變身的松山文創園區、有保留眷村老建築的信義四四南村等，這些陪我們走過多年歲月的建築與糕餅木模，同樣帶給人懷舊美感與溫暖記憶。

可以說，這本新書不只讓讀者得以了解傳統糕餅文化和木模技藝，更為這百年來的臺灣古早味留下傳承與見證，值得喜愛飲食文化、傳統文化的讀者細細品味。

（作者為「臺北市政府觀光傳播局」局長）

珍視可貴傳統，發掘源源創意

劉維公

近年來，隨著大陸觀光客來臺人數的增長，鳳梨酥締造了每年上百億的銷售金額，除再度展現臺灣美食產業的軟實力，也讓人驚豔於臺灣傳統糕餅的驚人魅力。跟隨先民從唐山來臺的傳統糕餅，三百多年來，在這塊土地上生根、滋長；在原來深厚的歷史基礎上，又加入了許多創新元素與現代技術，早已發展出具本土特色又成熟茁壯的文化與產業，只是隨著國人飲食的西化，曾經一度在美食舞臺上不再那麼耀眼。

如今，鳳梨酥的熱賣，讓我們不禁要重新重視與深思：傳統糕餅的價值，以及如何延續和創新等等課題。事實上，當我們回過頭來重新認識傳統糕餅，會發現裡面蘊藏著相當優美和豐富多采的文化。這本《百年糕餅 風華再現》所介紹的糕餅木模文化，就是其中可貴的一部分。

在歷史悠久的臺灣糕餅文化中，木模曾是不可缺少的器具，在一年種種大小節慶祭典中，為我們印製出各式各樣美麗的美味糕餅。其實，在早年，家家戶戶的廚房都還備有印模，過年過節用木模做粿，都還是一些中老年人共同的兒時記憶呢。還有我們每個人一輩子必經的終身大事——訂婚，用來與親友分享佳訊的喜餅，也常是用木模印製出來的。

傳統的糕餅木模雕工精細，圖紋典雅優美、活潑生動，造形與樣式繁複多變，深具民間工藝的價值；也由於與民間生活緊密結合，木模上面的圖案紋飾往往生動地重現了過去百年來臺灣庶民的生活面貌、信仰與習俗。此外，中國人講究色香味俱全，木模上的圖紋為美味的糕餅添加了美麗的裝飾，也讓我們品嘗時的滋味、感覺更加多樣美好。

事實上，不只其藝術價值或文化內涵值得細細品味，傳統糕餅木模的技藝，以及運用這樣的技藝所製作的糕餅粿食，也同樣值得重視與保存維護。聯合國教科文組織（UNESCO）自二〇〇四年發起的「創意城市網絡（Creative Cities Network）」，據以選拔創意城市的七大主題，即涵蓋「傳統美食」一項；而從其所認定的傳統美食——運用當地特有之食材，保存傳統且依然廣為流傳的烹飪技巧和製作方法，而且在市中心或城區形成美食行業——這幾個要件來看，從臺灣稻米與蔗糖作物孕育而發展出來，並運用傳統手工木模來製作，且於臺北大街小巷蘊為重要產業的傳統糕餅，其實是臺北市很重要的一項文化資產與創意產業，需要我們善加珍視與發揚光大。

很高興，在臺北市糕餅公會策劃出版的這本新書裡看到：還有不少糕餅業者在這個城市的各個角落，運用傳統木模技藝製作各種經典的糕、餅、粿和糖塔；還有身懷絕技的老師傅、歷史悠久的老店家們現身說法，示範這些慢慢在流失當中的古老技藝；更有精美細緻的木模賞析，帶領我們重新發掘與品味傳統木模與糕餅之美。

文化的創新常常是從傳統中找到創意的來源，因此，本書不只為傳統糕餅木模文化留下珍貴紀錄，讓可貴的傳統技藝得以傳承，相信也能提供現代烘焙業者源源不絕的創意靈感，的確是一本相當有意義且值得閱讀的好書。

（作者為「臺北市政府文化局」局長）

此中有深趣——台灣民藝風味華美的呈現

何榮聰

從小時候，我就喜歡民藝，這可能源於阿媽與母親在年節做粿印糕所使用的印模，那朱紅或金黃色的印模，印出的紅龜粿、紅桃粿，或七月時的糕仔，看起來不但美觀，吃起來又很可口。不知不覺，竟迷上刻印的粿模、雕花的糕模、以及年節民俗的情味；仔細思想，這其中還摻雜了阿媽與母親的慈愛。這些家家戶戶都必備的老文物，誘導我探賞台灣歷史、文化、藝術，樂此不疲。

記得一九九九年，我應行政院文建會傳藝中心之請，撰寫《台灣粿印藝術》一書，由漢光藝術圖書公司出版，當時因限於篇幅、時間，雖說是台灣第一本專門探討民間粿印糕印餅印糖塔與節慶祭典、生命禮俗關係的專書，總覺倉促成篇，遺漏甚多。後來又忙撰他書，就一直擱下來未作補缺另著。其中台中縣糕餅公會雖曾出版糕餅與印模的專輯，可惜周延性也還不足。今得知台北市糕餅公會特地策劃出版《百年糕餅 風華再現》一書，書中不但重新發掘印模之美，彰顯工藝之華，更有老店家、老師傅現身說法，包括印模的雕刻藝術、糕餅的材料製造，並示範如何使用傳統印模製作經典的、聞名的糕餅、粿、糖塔；這樣的靈活生動、周全周到的，展現台灣古早到今之食品文化、風俗民情、工藝技法、圖紋意義、社會生態，不但是了解傳統粿糕餅糖塔文化不可多得的一本好書，而且是認識台灣食品印模工藝技法珍貴難得的佳籍。

台灣糕餅文化源遠流長，其文化的歷史是悠久的。糕餅粿糖塔精緻華美，其食品的內涵是豐富的，其民俗的意涵是崇高的。糕餅等印模繁品富類，其工藝的技巧是優美的。在一年大大小小的各種節慶祭典中，台灣無數的婦女、店家、師傅為家庭、宗族、社會，為神的世界、為我們製造了豐富多樣、典雅美麗的食物、祭品，展現了台灣文化多樣美麗的風華。本書作者以其細膩的觀察、深刻的研究、流利的文筆，娓娓道來、圖文並茂，描繪了台灣動人感人的飲食文化，真讓「百年糕餅、風華再現」。

這本書如就台灣文獻的價值而言，它是高尚的。因為它撥開歷史的迷霧，描述極少人注意的、台灣民間知名古老的糕餅店鋪、印模雕刻師傅的技藝、粿糕餅糖塔幸福的印記、製糕餅老師傅操作特寫，將古早以來代代薪傳與即將式微的民間文化技藝，留下紀錄與見證。

從文化資產保存的角度觀賞，這本書是十分珍貴的。大家都應該知道，「民以食為天」，民俗中的飲食文化本就底蘊豐厚重要，而年節慶典與生命禮俗，更以粿糕餅糖塔表示虔敬尚饗。可惜這方面的民俗習慣、文化資產，不僅尚未受到政府與國家的重視登錄指定，而且因為西方文化的衝擊，新一代更加速漠視拋棄中。本書揭櫫糕餅粿糖塔文化的豐富多樣，與印模工藝的典麗雋永，呼籲社會大眾從認知而重視——台灣有這一系列的珍貴文化資產。

糕餅是人生精緻的食品，粿糖是節慶美好的風味，它們都有說不完的人間神界故事。茶香琴韻之中，品嚐甜點巧妙層次，細嚼文化百年芬芳，靜觀社會多元生態，也是人間世的生活美學。

（作者為「行政院文化部」文化資產審議委員、前「台灣省政府文獻會」主任委員）

作者序

為台灣古早味留下見證

張尊禎

二〇〇五年，一個偶然機會來到淡水小鎮，看到了三協成糕餅博物館內為數眾多的木模展示，讓我驚為天人，原來木模的世界是這麼多姿多彩、形體多變，但一時之間，由於展場缺乏系統完整的文字說明與陳列方式，並無法了解模具上的圖案意涵以及糕、餅、粿模的差異，因此乃下定決心研究，種下了研究所論文寫作的主題。

至今，一頭栽入台灣糕餅的文化研究，長達八年之久。

八年的時間，可以讓人從懵懂而成熟。第一本關於糕餅的著作《台灣糕餅50味》（二〇〇九，遠流），是我四年論文研究成果的展現，讓大家驚豔於台灣糕餅的美好與多樣貌；而二〇一三年新作《百年糕餅 風華再現》，則又是另一個四年對於台灣糕餅的體認。

為了詮釋「百年糕餅」的歷史感，書中安排了四十支骨董木模的賞析，這些木模有些是來自「老永春餅店」周永興老闆的珍藏，有些是我這幾年跑田野累積的珍貴影像。由於糕餅是食品，無法長期保存，想要知道老祖宗吃的是什麼糕餅，除了代代相傳的古早口味之外，能讓人緬懷的就只有製作糕餅的器具而已，因此我們從木模上的大小、材質、圖案變化，可以了解到時代的流行、飲食習慣的改變，以及木雕師傅巧奪天工的手藝。

而為讓百年糕餅能夠「風華再現」，書中請來五位擁有二十年以上工作經驗的老師傅，為大家一一展現以木模敲製餅、糕、粿、糖塔的傳統技藝。有來自曾任喜來登大飯店點心房主廚的黃福壽師傅、福利麵包公司的吳懷陵師傅；也有藏身於傳統市場、以傳承客家米食為己任的葉睿彩夫婦；以及現年七、八十歲，堪稱是台灣糕餅界國寶的林賢良師傅、黃辰義師傅，讓本書增添了不少風采，也讓人看到了即將失傳的好手藝。

其中「一品糕」可說是難得一見的糕點，由於做工複雜，據說全台北市只有二位師傅會製作。為記錄這種傳統糕點手藝，花了二天的時間在林賢良師傅住處進行拍攝。看著八十歲老師傅俐落的動作，一、二小時揉搓麵糰而不見老人家喊腰酸背疼，讓人不禁佩服他的好體力。至於想在大台北地區見到糖塔的製作，可說是難上加難，為重現傳統製糖技藝，台北市糕餅公會幫忙找到了位於大溪的永珍香西餅店，由七十六歲的黃辰義師傅親自示範；看著他熟練地煮糖、注糖、脫模，過程好像不難，但其中煮糖的火候與冷卻糖漿的拿捏，憑的全是六十年的老經驗。

糕餅的天地不只是口感而已，木模的藝術與老師傅的技藝共同成就一塊塊糕餅的美味。然而在烘焙技術日漸發達的今天，為求快速量產以及食品衛生安全的考量，有越來越多糕餅店放棄了傳統木模的使用，因此，了解傳統木模的藝術價值，讓新一代的專業烘焙人員能重拾木模操作，喚起木模具有手感好、溫潤質感的記憶——是這本書的宗旨，也是我努力寫作的目標。

十分感謝台北市糕餅同業公會給我這個機會，可以為台灣傳統的古早味留下見證，也希望藉由一支支木模的賞析，讓大家在品嘗糕餅的同時，對於其間的故事、圖紋意涵也能領會一番，相信吃起來的滋味會更加香醇迷人！

目錄

【出版序】「做餅人」的使命感——傳承美味技藝／張國榮 2
【推薦序】發揚傳統糕點之美／盧訓 3
【推薦序】傳統老技藝，臺北續飄香／趙心屏 4
【推薦序】珍視可貴傳統，發掘源源創意／劉維公 6
【推薦序】此中有深趣——台灣民藝風味華美的呈現／簡榮聰 8
【作者序】為台灣古早味留下見證／張尊禎 10

第一篇 老店家現身說法 14
● 十字軒糕餅舖——傳承一甲子的老味道 16
● 老永春餅店——保有傳統糕餅之美 22
● 福利麵包公司——傳遞純手工的幸福感 28
● 郭元益餅店——傳統與創新的美好結合 34

第二篇 木模之美 40
傳承三百年的工藝 42
木模雕刻師傅側寫
陳和村師傅——作品遍布北部糕餅店 50
蔡榮與師傅——「火土師」的傳人 51
木模上的幸福印記 52
● 餅模 54 ＊龍鳳紋 56 ＊人物紋 58
● 糕模 62 ＊瓜果紋 64 ＊花草紋 67 ＊文字紋 70 ＊水族紋 72
● 粿模 74 ＊龜紋 76 ＊桃紋 81
● 糖塔模 82 ＊寶塔紋 84 ＊龍鳳紋 85

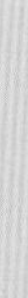

第三篇　老師傅示範木模操作 86

◆餅 88

● 和生鳳梨喜餅 90

老師傅特寫

黃福壽師傅——糕餅業的一頁傳奇 99

● 和生XO蓮蓉蛋黃小月餅 100

● 廣式伍仁月餅 104

老師傅特寫

吳懷陵師傅——敲模高手 111

◆糕 112

● 糕仔粒 114

另一種口味　糕仔潤 121

● 彎糕潤 122

老師傅特寫

林賢良師傅——八十歲的國寶師傅 127

● 綠豆糕 128

另一種口味　創新口味的糕點 132

● 一品糕 134

◆粿 140

● 紅龜粿 142

老師傅特寫

葉睿彩師傅——擁有五十年的好手藝 148

另一種口味　草仔粿 149

● 鳳片龜 150

另一種口味　平安龜 156

◆糖塔 158

● 三秀糖塔 160

● 五秀糖塔 168

老師傅特寫

黃辰義師傅——傳統糖塔的守護者 171

第一篇

老店家現身說法

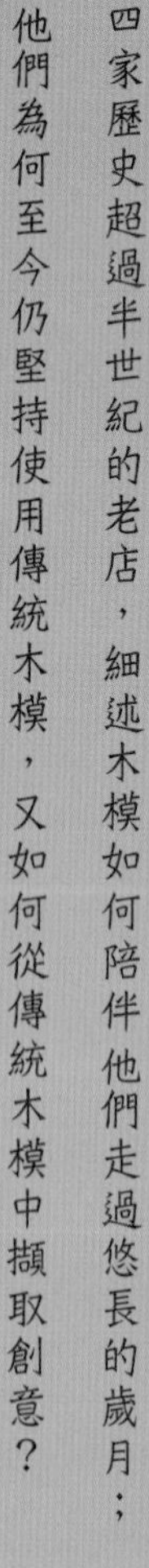

四家歷史超過半世紀的老店，細述木模如何陪伴他們走過悠長的歲月；他們為何至今仍堅持使用傳統木模，又如何從傳統木模中擷取創意？

十字軒糕餅舖

傳承一甲子的老味道

八十多歲高齡的十字軒，以中式傳統糕餅深深擄獲神明與台北人的心；店內近百支糕餅木模訴說著太平通悠遠的歷史，以及與常民生活緊密相結合的歲月痕跡。

「木模是歷史的傳承，擁有歲月痕跡與紀念價值。」十字軒第二代邱獻德說。

✽日治時期的延平北路，仔細看：「十字軒和菓子」就位在右手方。（圖片提供／十字軒糕餅舖）

◎ 創店：一九三〇年
◎ 現任老闆：邱獻德
◎ 電話：02-25580989
◎ 地址：台北市延平北路二段68號
◎ 網址：http://www.ten-cake.com.tw/
◎ 老店招牌：壽桃、紅龜、蛋黃肉包、素餡餅

延平北路以前稱為「太平通」，戰後為紀念延平郡王鄭成功而更名。在日本統治的年代裡，台北城內是日人的生活空間，「榮町」一帶（今衡陽路）充滿了大和色彩；而出了北門，進入「太平通」，就是台灣人的天下，為活躍的文化、社交、娛樂地區，如當時知名的山水亭咖啡館、波麗露西餐廳以及黑美人大酒家，都位於太平通。

當然，文化薈萃之地也少不了糕餅店的設立，為士紳名流聚會雅宴提供點心來源。創業於太平町二丁目八番地的「十字軒和菓子」即是其一，始於一九三〇年。

見證延平北路的歷史風華

十字軒糕餅舖是一家八十高齡的老店，見證著延平北路的悠遠歷史。它所販售的壽桃、紅龜，不僅老台北人愛吃，連廟宇神明也喜歡，因此不管是做壽、過節或者慶祝神誕，大家一定都會想到十字軒——這是一家與生命禮俗、廟宇慶典緊密相連的中式糕餅舖。

早期十字軒是以經營和菓子、西點為主。第一代邱炳星向日本人習得糕點技藝後，便自立門戶成立「十字軒和菓子」店。「起初是租房子在對面，光復後才買下現在的店面，改名為十字軒糕餅舖。」第二代邱獻德說明。

店內一張黑白泛黃的日治時期街景，即可清楚看見「十字軒和菓子」的招牌。邱獻德說，這張

✽由糕模印製出來的糕仔，猶如藝術品般小巧美麗。

✽一九五〇年代的十字軒糕餅舖，有著樸實的外觀。見圖左三層樓建築。（圖片提供／十字軒糕餅舖）

照片得來不易，當時一輛計程車剛好停在店門口，裡頭一對日本夫婦向他們詢問這張照片的地點，結果他們赫然發現十字軒就在其中，於是趕緊借來影印。這不僅為店裡留下最寶貴的歷史紀錄，也說明了在熙來攘往的延平北路上，唯有十字軒屹立不搖，是許多人心中思慕的好味道。店內牆上懸掛多張獲邀參加「日本全國菓子大博覽會」所獲頒的感謝狀，就是對十字軒的肯定。

與廟會慶典緊密結合

十字軒由於地理位置佳，又鄰近迪化街，不僅往來採買南北貨的人潮多，附近廟宇香火也十分鼎盛，光是做周邊神明誕辰的生意，邱獻德說就已經忙不過來了。「例如：霞海城隍廟每年農曆五月十三日，為城隍爺誕辰所準備的壽桃，陣頭繞境發送吃平安的鹹光餅，以及農曆八月十五月下老人誕辰所用的蛋糕；還有重慶北路交流道旁的覺修宮、東河禪寺等的福壽糕，都是從我小時候一直合作到現在。」邱獻德一一細數與十字軒

✽一九七八年受邀參加「日本第十七回全國菓子大博覽會」，所獲頒的感謝狀。

✽大型的糕仔龜木模，常用在廟宇乞龜慶典中。

✽邱獻德老闆展示一支可製作五斤重的狀元餅模。

合作過的廟宇，可說是遍布整個大台北地區。

即使現今宗教祭祀不若往昔隆重、對於生命禮俗不如以前重視，但十字軒的生意依舊蒸蒸日上，究竟它的產品有何過人之處呢？老闆娘在一旁補充說：「我們的原物料一定是用最好的。」也因為真材實料、強調手工製作，讓十字軒的訂單接個不停；因此平日就可以在店內買到壽桃、紅龜等傳統食品，不必非得等到神明生。

事實上，凡是與祭祀拜拜、訂婚、做壽、過年、過節、中西點心等有關的產品，可說生活所需的各種糕餅，都可以在十字軒買到；不過，為了能全心投入傳統中式糕餅的製作，他們在幾年前停止了麵包、土司的生產線。

值得一提的是，有別於其他糕餅店的產品是葷素並重，十字軒約有百分之九十的產品都是素食，尤以素餡餅最膾炙人口，口味多達八種，也是中秋節熱賣的主力商品。

傳統木模訴說老店故事

老字號的十字軒除仍保有光復初期樸實簡潔的建築外觀，也收藏有不少早期製作大型廟宇供品的木模，例如：上下二片一組的糕仔龜模，上頭刻有繁複的水族與花卉圖案；供在神案上用來祝壽的立體糕仔桃模，替代不是四季都有的真實桃子……，這些糕模少說都有四、五十年以上的歷史。另外，也有好幾支大大小小、不同尺寸的狀元餅模，是以前中秋「搏餅」所使用。

「現在這些模具用得少了，木模上美麗的刻紋倒變成店裡展示的藝術品。」邱獻德一邊指著店內所展示的木模說，一邊隨手攤開舊報紙包捆的糖塔模，惋惜地表示，它們都已損毀不能使用了，但卻依然留存著過往融糖鑄型的歲月風華。

✽每年農曆五月十三城隍爺生日，霞海城隍廟均向十字軒訂製上萬個鹹光餅。

為了讓近百支木模可以重拾風華，以及展現老店歷史建築的昔日風采，目前十字軒現址正在進行整修，屆時會在二樓規劃一小小的展覽空間，展示木模之美，訴說它們與生命禮俗、廟會慶典的故事，讓人不僅更加認識木模藝術，也可對迪化街、延平北路的過往有一今與昔的對照。希望在這個充滿歷史人文氣息的展覽空間烘托下，讓人品嘗十字軒產品時會更加回味！

像變魔術的敲模技藝

在店面長長街屋的後端，我看到了師傅熟練地敲製著綠豆糕，他們將糕仔粉抓起鋪入糕模中，然後再鋪平壓實、掀蓋……，不用一分鐘，一顆顆美麗的綠豆糕就在眼前呈現；師傅敲模的技巧像是在變魔術一樣，讓人眼花撩亂，速度快到連相機鏡頭都來不及抓。這一幕幕真實鮮活的糕餅店場景，讓人親眼看到木模與糕餅如何緊密地相互依存，不是機器所能取代的。

因為執著於木模敲握的手感、加之生產量還不大，十字軒從來沒有使用過機器模，對於新型氣壓式的矽膠模也沒興趣。「一個個敲，中秋來得及應付生產嗎？」邱獻德回答：「就加班啊！我

✽口感細嫩的壽桃，是店內的招牌。

✽一次可以印製五粒八角形的綠豆糕模，上以店名「十」、「字」、「軒」為文字圖案。

✽店內一支年代久遠的糖塔模雖已損壞，但卻依然留存著歲月風華。

✽以細花生顆粒加上麥芽製作而成的花生龜，不僅是吉祥供品，也可當休閒點心。

✽十字軒目前仍然使用木質糕模印製綠豆糕。

們從農曆八月初一就開始趕工加班到十四。」

「如果木模壞了呢？」邱獻德答說：「以前的木頭都很耐用，雖有裂痕還是可以使用。」黑得發亮的烏心石木模堅固耐用，且越用越具有溫潤的手感，因此禁得起時間的考驗、不被淘汰，而這也正是十字軒依舊保留木模操作的一大主因——他們期待與這些骨董木模一起邁向百年之路。

✽十字軒的真Q餅，除了需要功力才做得出的層層油酥餅皮，內餡包括肉鬆、蛋黃、麻糬、紅豆沙，色彩相當美麗。

保有傳統糕餅之美

老永春餅店

老永春餅店距離饒河街夜市口的慈祐宮，只有短短五十公尺，是一家年過半百，與當地生活、習俗緊密相連的老店，喜餅、月餅、糕仔都還以木模來製作，品嘗得出老師傅敲打的用心與傳統糕餅之美。

「木模手感好、圖案美，兼具實用與藝術性。」老永春餅店老闆周永興說。

✽懸掛於牆上的木模，用來妝點店內氣氛。

饒河街是松山最早的一條街，位於觀光夜市口的慈祐宮，早期是基隆河上下船舶之處。在清朝水運發達的年代，錫口（松山舊稱，意指「河流彎曲之處」）是台北通往宜蘭、基隆的轉運站；運行貨物的船隻多在這裡休息一晚，再繼續運往台北城或經由淡水河出海。因此早期慈祐宮一帶商埠林立，而有「小蘇州」的稱號。

現今饒河街雖然沒有舟楫之利所帶來的繁榮，但卻搖身一變，成為台北繼華西街夜市之後的第二個觀光夜市。夜晚華燈初上，前來品嘗美食的饕客經常擠得水洩不通，熱鬧程度似乎不遜往昔呢！

位於充滿歷史氛圍的老街

距離慈祐宮約五十公尺的老永春餅店，即位在這樣一處充滿歷史氛圍的老街。也因為與當地生活、習俗緊密相連，這家年過半百的老店，最大的特色就是，不但保有不少傳統祭祀與婚嫁用的糕餅，更是台灣少數僅存仍完全使用木模製作糕餅的店家之一。

很多人光看「老永春」店名，都以為是福建泉州永春人開的店，但實際上，他們的祖先是來自泉州安溪。現任老闆周永興一九五八年生，是餅店第二代傳人。但若從他祖父於日治時期開設的「永春香」算起，那可就不僅兩代、只有五十年歷史了。

「在我祖父母的年代，認為長大娶妻就要出去

✽老永春五兩重的狀元餅，內為飽滿的鳳梨冬瓜內餡，口感香甜微酸。

自己做，父親是老大，因此在一九六一年左右搬到松山國校對面的現址，傳承至今。」周永興娓娓說起自家的歷史。從永春香分出去的，共有老永春、新永春、永春三家餅店；然而，龐大的枝脈現僅存老永春一枝獨秀。

兵工廠遷移來台　帶動商機

永春香早期以雜貨店為經營形態，一直到一九五〇年，因鄰近的南港三重埔埤設立二〇二兵工廠，才開始做餅。「由於看中兵工廠外來人口多，祖母提議我們加工做一些餅來賣。當時我的姑丈（許丁銀）正好自郭元益餅店出師，習得了做餅的手藝，於是連同我父親、叔叔一起來做。」周永興做餅的手藝可說無師自通，「從小跟在師傅旁，人家叫我做什麼，我就做什麼，因為種類不多很快就學會了。」他高中畢業就在自家的餅店幫忙，其間雖然有段時間跑去做國會議員助理，但從一九八四年回到餅店，轉眼也將近三十年了。

近百支骨董木模為鎮店之寶

雖然時代的進步讓塑膠、機器式印模取代了傳

✽讓人懷念的古早口味——膨餅，做得又膨又大。

✽老永春位於店面後的工廠，是美味的製造所。

✽印在餅皮上的印記，左為咖哩酥、右為喜餅。

✽一顆顆立體造形的壽桃糕相當具有喜氣，是神案桌上的絕佳供品。

✽周永興是老永春第二代老闆，致力於保存傳統模具。

統木模，但老永春因為店內製作的糕餅量不多，許多與婚嫁、祭祀有關的傳統糕餅都是客製化訂做，因此到現在，他們的喜餅、月餅、糕仔都還以木模來製作，也因此，品嘗得出老師傅一顆顆敲打的用心與傳統糕餅之美。

歷經長久歲月的淘洗，老永春店內的木模都已經是骨董級了，加上周永興刻意收藏的，共有上百支之多，每支木模的年紀幾乎都比周永興還老，蔚為店內瑰寶。

為了讓消費者也能感受傳統木模的藝術之美，店內也掛上好幾支木模作裝飾。周永興解釋說，他們使用的木模，大多是早期位於台北大橋頭的「陳和村雕刻店」所製作，可惜這間雕刻店因為市場沒落、加上原木料缺乏，已結束營業。

在周永興所珍藏的木模中，可發現興記、萬國、仁義、銀發等不同於「永春」字樣的店號，可別以為這是收購別人家的模具，「這些是在永春香時代，祖父母與他人合夥開的餅店，後因生意不好拆夥，就將模具分一分，也才會有這些有趣的現象。」

在眾多的木模當中，他最珍愛一支刻有「老永春」店寶號的五兩狀元餅模，從深褐的木模色澤來看，可見使用率之高。目前店內的和生鳳梨餅就是以此模具印製出來的，內餡為飽滿的鳳梨冬瓜醬，口感香甜微酸。

具有時代意義的兒童糕

除此之外，還可發現兩支難得一見、刻有「祝兒童節」字樣的糕模，是老永春為松山國小印製來送給學童的禮物，周永興笑笑說：「我小學的時候都還有拿到。」

松山國小創建於一八九八年（明治三十一年），是台北市少數校齡超過一百一十年的學校之一。根據老永春店內八十高齡的林賢良老師傅口述：

✽一九八〇年前做為松山國小兒童節禮物的兒童糕，男女孩童的模樣相當活潑可愛。

「記得是從一九六五年開始製作的，為白糖口味的糕仔潤，每人發送一塊，大約到一九八〇年左右才停止生產，以文具取代傳統糕點。」不禁讓人惋惜，因為時代的進步，而使這樣有特色的台灣糕點走出了幼小心靈的記憶。

兒童糕的兩支木模，一支刻上「松山國校贈」，另一支刻上「松山國小贈」。「松山國校贈」的年代較為悠久，木頭的色澤也較深，圖案相當活潑可愛：女學生留著及耳短髮、身穿圍裙背心，略側著頭；男童則身穿有領外套、胸前二顆鈕扣；兩個小朋友在雕刻師傅的巧手下，流露出天真無邪的稚氣。

這種兒童糕模，一次可印兩組，雖然圖案乍看大同小異，但仔細觀察，可發現兩組學童的胖瘦、表情略有不同，比起那千篇一律的機器模來說——這就是民間藝術中手工雕刻的趣味，值得細細品味！而這組兒童糕木模，也深深代表老永春那一段黃金的歲月，十分具有時代意義。

用得越久越有光澤的木模

究竟木模與金屬模、機器模哪一種好用？周永興不假思索的回答：「金屬模不好敲，為避免沾黏，粉必須用很多，用完後還要用刷子才能刷乾淨，很費工；至於氣壓式的矽膠模則適合用在大量生產，若是一個個敲雖然比木模省力，但速度也不會比較快。還是木模的手感最好，用得越久越有光潤的色澤。」這大概就是為什麼老永春至今仍堅持使用木模來製作糕餅吧！

在十多年前景氣好的時代，因應中秋月餅的需求，每位師傅每天都要敲出六百多顆的月餅來，此起彼落的敲打聲不斷從生產線傳出。會不會敲到手酸？「不會，工作會輪流做，而且師傅們也會苦中作樂地敲打出節拍，算是自娛娛人吧！」周永興說他從來沒想過要改用機器或塑膠模，也希望那些傳統木模可以保有生命力，隨著老永春繼續走下去！

時代變遷的刻痕並未改變老永春多少，只是販售的項目更加迎合現代人的口味，其中以綠豆椪、鳳梨酥賣得最好。當然，每年農曆三月的媽祖生慶典，也會帶動買氣，但想要客製化的拜拜供品，如立體的壽桃糕或是高高的盞等，可得要事先預定。

✽刻有「老永春」字樣的狀元餅模，是周永興老闆的最愛，上面的圖案靈活神現，讓人直接感受到狀元歸心似箭、急著返鄉報喜的心情。

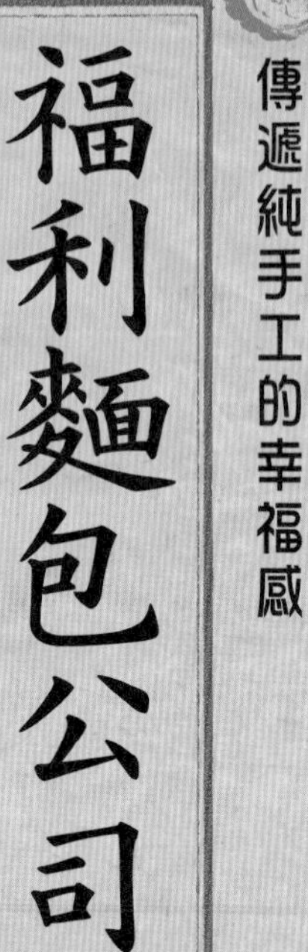

傳遞純手工的幸福感

福利麵包公司

以產品多樣性而聞名的福利，
雖然走在時代尖端，
卻依然保有傳統木模製作月餅的好手藝，
傳遞著純手工的幸福感。

「手感好的木模，不僅用久了有感情，做出的產品更有踏實感。」福利老師傅說。

＊二〇一一年底煥然一新的福利中山店面。

◎ 創店：一九五〇年
◎ 現任老闆：尹玉仙
◎ 電話：02-25946923
◎ 地址：台北市中山北路三段23-5號
◎ 網址：http:// www.bread.com.tw/
◎ 老店招牌：奶油大蒜法國麵包、乳酪蛋糕、中秋月餅

一九五一年美軍顧問團來台，總部設於今中山美術公園，並成立美軍俱樂部，以招待參與越戰的美軍及其眷屬來台度假，地點約在今中山北路、民族西路附近，讓當時這一帶充滿了濃厚的美國風情；附近酒吧、俱樂部等行業林立，地處其中的晴光市場儼然成為舶來品集中地，吸引許多人前來尋寶。

位於中山北路與農安街口的福利麵包公司，因擁有地利之便，而成為美軍顧問團的主要麵包供應商，也是至今許多美國大兵思念的好味道。

早期為美軍之供應商

福利麵包的前身，原是上海法租借區的一家百貨公司，一九五〇年來台之後，於台北火車站附近另起爐灶，聘請一名法籍主廚、一位北京糕點師傅，成立了福利麵包公司。當時，除了每天出爐新鮮麵包之外，還經營肉品、自製火腿，也進口雜貨，一直到一九五六年才搬到中山北路三段現址。

福利麵包是當時唯一被美方評鑑為衛生合格標準的A級麵包店。負責門市營運的副總經理言妃春提到：「美軍顧問團對於食品衛生的要求很高，每周都會派人檢查員工的指甲、環境衛生等，在一般台灣人還穿著美援麵粉袋做成的內衣、內褲時，我們師傅的衣著就很整齊，圍裙、帽子、制服一樣都不少。」也因此，雖然一九七八年台美斷交，美軍顧問團退出台灣，福

＊外觀時尚的福利已有超過六十年的歷史。

利仍以穩健踏實的經營風格、優異的中西點製作技術，相繼成為圓山空廚、華航機上餐點的主要供應商，至今已走過六十年的歲月。

老店新開　多元口味聞名

一九九七年，第三代尹玉仙接棒，具有波士頓商學院碩士學位的她，引進了科學化的經營管理，也帶入了各國的烘焙產品，舉凡德國裸麥麵包、美式貝果、墨西哥薄餅、中東麵包、義大利麵包、韓式泡菜三明治，都可以在這裡找到；產品琳琅滿目，就像一個「小型麵包聯合國」。

✽可愛的萬聖節彩繪餅乾，大人、小孩都喜歡。

✽中式蛋黃酥、一口酥，嬌小的模樣讓人垂涎。

✽琳琅滿目多國口味的商品，像似一個小型聯合國。

此外，尹玉仙也在販售及生產空間上做了大刀闊斧的改變。二〇一一年底，福利整棟樓改裝完成，簡潔明亮的風格讓門市充滿了時尚感；並引進歐洲飲食概念，附設輕食吧台，讓顧客可以即時享用剛出爐的麵包，以及點選現做的三明治，一邊搭配香醇的咖啡或暖呼呼的湯品。「福利不只是賣麵包而已，這是一種服務，也是生活提案。」言妃春說。

說到福利的人氣商品，則非奶油大蒜法國麵包莫屬，熱銷三十多年，人氣不墜。目前每天限量一千多條，常見顧客一次抱著五、六條排隊結帳的景象。

福利雖是以各式異國口味的麵包西點擄獲人心，但其實，他們的中式點心也很有特色，翻毛、提漿、廣式等各式月餅，都是中秋膾炙人口的產品，且是少數吃得到正宗提漿、翻毛月餅的老店；迷你蛋黃酥、芋頭酥、一口酥等產品，經過福利師傅的巧手，也做得像西點一樣精緻、小巧。

更值得一提的是，福利迎接中秋佳節所推出的廣式與提漿月餅，仍然使用傳統木模來製作，刻有「福利月餅」字樣的方形餅模，以及「玉兔搗藥」圖案的月餅模，從以前持續用到現在，是每年接近中秋不可或缺的兩支骨董木模，它們的敲打聲伴隨著不少饕客度過佳節。

加入神話的木模　別具一格

由於福利不像其他傳統餅店與廟宇慶典緊密相扣，所以不見粿模，也沒有大型糕仔龜等模具。在目前收藏的三十多支木模裡，以月餅模數量最多，主要用以月餅生產；糕模則只有五、六支，早期用來製作麻油綠豆糕、糕仔潤等品項。

雖然收藏的木模數量不算多，但福利餅模的形式與圖案卻相當值得玩味。

✽以木模敲製出的廣式月餅，是中秋才吃得到的好口味。

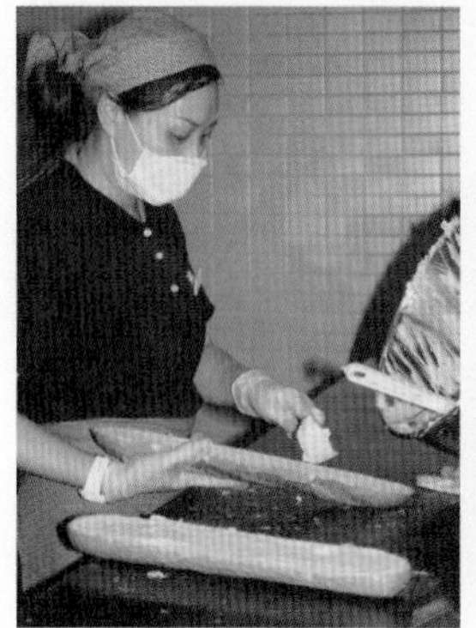

✽每天限量製作的奶油大蒜法國麵包。

✽從以前用到現在的方形廣式餅模，已具有歷史的磨痕。

✽刻有「玉兔搗藥」的月餅模，是歷史最久遠的一支木模。

有別於其他傳統餅店的餅模大多不脫狀元返鄉的圖案，福利的多支木模卻雕刻「玉兔搗藥」以及「廣寒宮」的畫面，讓人對於中秋浪漫的傳說多了幾分想像。

其中一支三兩的月餅模歷史最為悠久，約有四、五十年，木模的色澤已黑到發亮；中間圖案為一輪月亮，內有玉兔正在搗製長生不老藥，外圈則圍繞著六朵梅花。另一支月餅模，則刻劃著玉兔奔向廣寒宮的畫面，搭配朵朵雲紋，整體生動有趣，也十分應景。由於此雕刻風格與圖像明顯與台北其他老餅店不同，是否為第一代自大陸攜入？或是出於哪一位雕刻師傅的作品？種種疑問，都因歲月的遞增使記憶淡忘而無從解答了。

此外，兩支以楷書刻著「反共抗俄」四字的餅模，充滿正義凜然之氣，想必是當時為了配合政治宣導才刻製的木模，雖然以現在的眼光來看不禁令人莞爾，但卻十分具有時代的價值與意義。

異國文化薈萃之地

福利早年因著濃厚的美國風情而發跡，如今中山店一帶則是台北市最有東南亞文化氣息的聚集地；不一樣的國家地區，卻一樣充滿了異國氣氛。從農曆春節開始，福利就因應中西節慶推出年節商品，如新年的年糕、情人節的蛋糕、端午節的粽子、中秋節的月餅，以及感恩節的烤火雞、聖誕節的薑餅屋等；並且還保留許多純手工製作，就是希望在生活中每一個值得紀念的節日裡，都有福利為伴，讓人一進到店裡就有「佳節腳步近了」的幸福感！

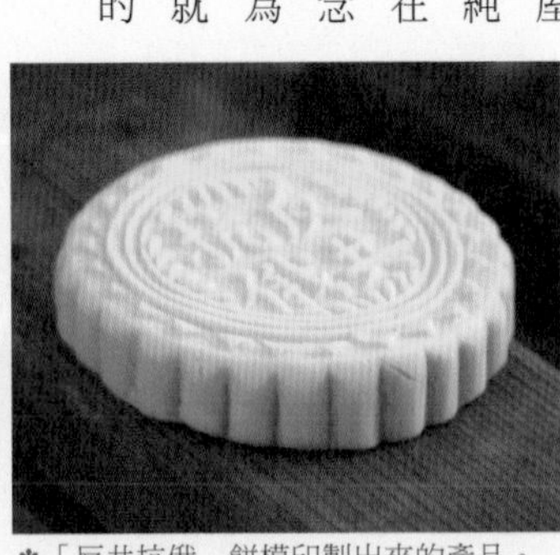

＊福利收藏的月餅模有多支刻著描繪中秋神話的圖案。

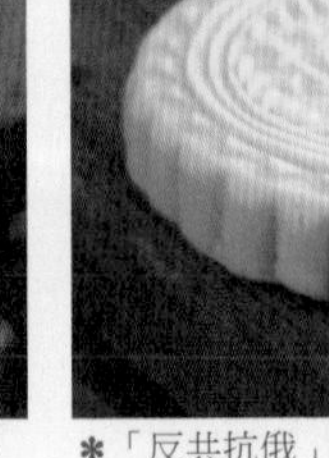

＊「反共抗俄」餅模印製出來的產品。

✽目前福利保留約有三十多支早期製作中式糕餅的木模。

傳統與創新的美好結合

郭元益餅店

走過百年歷史歲月的郭元益，
從一根扁擔蛻變為知名的糕餅王國，
不僅致力於保存傳統糕餅文化，
更將傳統的糕餅木模藝術做了創新的運用。

「封存歷史的美味，開創新糕餅價值」是新一代郭元益餅店努力的方向。

*士林總店門市現代化新穎的設計，代表郭元益勇於迎向未來的精神。

◎創店：一八六七年
◎現任老闆：郭榮壽
◎電話：02-28382700
◎地址：台北市士林區文林路546號
◎網址：http://www.kuos.com
◎老店招牌：冰沙餡餅、鳳梨酥、小四季、喜餅

士林跟艋舺、大稻埕、新莊等地一樣，都是因早期具有舟楫之利，所發展出來的老市街。二百多年前，先民可從淡水河入口溯基隆河而上，再經由支流雙溪抵達士林舊街——即今神農宮一帶，這裡正是士林最早的發祥地。

擁有百年歷史的郭元益餅店（總店），就位在舊街內俗稱「新店仔」的士林橋頭處，距離神農宮只有幾步之遙，可說隨著士林的發展而起，是一家早期與士林人生活、習俗緊密相連的地方餅店，經過百年五代傳承，如今已是全台知名的連鎖糕餅店。

冰沙餡餅　傳承百年五代

「郭元益」不是一個人名，而是以老闆的祖籍漳州堂號「元益」為店名。一八六七年（清同治六年），郭樑楨在士林橋頭扛著扁擔沿街叫賣糕仔，開啟了郭元益的歷史。但將「元益」店號冠上郭姓的，是第三代郭欽定。由於戰後經濟景氣復甦，郭欽定夫婦二人胼手胝足，以「真材實料」立下好口碑，為郭元益奠定了家喻戶曉的名聲。

其中一次重要的契機，是在一九五二年接到了士林紙廠的大訂單，其獨家烘焙的冰沙餡餅因而聲名大噪，每每一到中秋就供不應求，大約從農曆八月初一開始，就出現排隊的人龍；而且買餅還得拿號碼牌，一次限購二盒。

據說，當時蔣中正總統從士林官邸到北投洗溫

*現烤烘焙品是郭元益長存人心的美味。

✱冰沙餡餅是郭元益膾炙人口的產品之一。

泉時，看到了門庭若市的盛況，還請侍衛長前來買餅。

一九八六年，郭元益開始轉型為現代化企業。早期因只單靠一具煤炭烤爐烤餅，師傅一邊烤、客人一邊等，常成了秋節即景。為了改善每年中秋產量嚴重不足的問題，第四代聯手經營的郭家兄弟積極購買土地興建工廠，更努力開拓海外市場，希望將百年老店打造為糕餅王國。

邁向現代 珍惜傳統

在邁向現代企業化的同時，見證台灣百年糕餅歷史的郭元益，也致力於保存傳統的糕餅文化；更值得一提的是，從傳統糕餅文化擷取現代企業行銷與包裝的創意。

二〇〇一年，郭元益於楊梅廠內創設了台灣第一座糕餅博物館，由於相當受到歡迎與肯定，接續在二〇〇二年成立士林二館。一系列熱鬧的糕餅博物館參觀活動，從門口敲鑼打鼓迎賓開始，透過有趣的糕餅ＤＩＹ製作，讓來訪遊客可以從中了解糕餅之美；而在等待糕餅烘烤完成的時間，隨著導覽人員的指引，可以在博物館的歷史陳列區中，欣賞到古早木模以及糕餅在生活上所扮演的角色。

館內的木模除了做為教育展示用，也是裝飾的藝術品，讓觀賞者可以近距離感受到木模之美，進而達到保存及推廣糕餅文化的目的。

骨董木模 見證糕餅文化的演變

經過百年的累積，郭元益已收藏有四百五十支木模之多，「每一支木模都做有建檔紀錄、完好保存。」第五代郭建偉說明。其中，以月餅餅模的數量最多，其次是糕模與喜餅模，顯見這三者為郭元益早期的主要商品。這些為數眾多的木模，以一九八一年前雕刻的最具有保存價值，它們多是出於台北大橋頭的「陳和村雕刻店」，由陳和村及其父親陳賜福採用烏心石雕刻，只可惜所占比例不多。

在楊梅糕餅博物館的櫥窗中，可以看到郭元益各代的木模工具，尤其是第一、二代所使用的烏心石糕模，黝黑的色澤訴說著久遠的歷史。

其中一支是糕仔粒模，一次可以印製三十二粒、每粒約一點五公克，可說相當的嬌小迷你。另一支是印製糕仔包的木模，一次可製作十四個；長方形的「糕仔包」是指五、六塊以紙包起，抑或是指內有包餡的意思，是早期茶店仔賣給人泡茶吃的茶點，也供祭祀、結婚、過年使用。

細看這些糕模的底部，會發現在每個方格內還刻有不同花草紋飾，顯見雕刻功力之深厚，而體積嬌小、講究圖案，也正表現茶點吃「巧」不吃「飽」的文化。

從第三代起，喜餅漸漸成為郭元益營業的重心，因此在楊梅博物館櫥窗中，也可見龍鳳喜餅模的展示。目前在留存的八十多支喜餅模中，以製作二斤重的尺寸最大，年代也最久遠；之後隨著飲食習慣的改變，喜餅模亦日漸縮小為一斤（十六兩）、十四兩、十二兩。由此可見，欣賞每一支木模的形式與

＊士林總店門市所展示的傳統木模。

＊西式喜餅陳列的背板，是以傳統木模圖案為底紋。

＊位於楊梅的郭元益糕餅博物館寓教於樂，深受小朋友喜愛。

＊楊梅糕餅博物館內的歷史陳列區，展示郭元益各代使用的木模器具。

大小，可以對台灣糕餅文化的演變有一初略的認識。

巧妙運用木模之美

事實上，自一九八七年後步入自動化生產，郭元益手工木模的使用便逐年減少；待一九九二年楊梅廠啟用，幾乎都不用手工敲模了。

郭建偉解釋說，在商業的考量下，若仍採用手工木模，不僅製作的速度太慢，也會因模子在容積、圖案上的誤差過大，造成量產的不必要浪費，因此會先要求食品器具工廠先刻一木模做為打樣，試敲出的糕餅經烘烤之後，再依此成品修整模具，以製作量產所需的鋁合金機器模。這也就是為何在郭元益保存的木模當中，有很多看起來仍相當新穎、大部分都沒有使用過的原因。

有別於堅守傳統木模技藝的店家，郭元益則是將傳統的木模文化做了創新的運用。木模上優美的圖案，不只作為糕餅的裝飾與祈福的符號，也巧妙地運用在新一代門市的空間設計裡，讓它們變成具有現代感的裝飾藝術，例如：在郭元益總店門市及楊梅廠旁的「綠標生活館」中，牆面不再只是單一的白，而是將木模圖案鏤刻成為典雅的背板；或者化身為一道道美麗的隔屏，陽光從白色鏤空的圖紋裡灑落而下，不僅透露出朵朵花卉的倩影，還有餅模中常見的「囍」、「狀元」二字，讓現代感十足的空間更添加了傳統糕餅的人文氣息。

讓人想不到，原來木模的美，可以美在糕餅裡，也可以美在空間裡。

✽糕仔上寫「永保安康」，是希望食用者能常保四季平安。

✽製作糕仔粒、糕仔包的木模，具有久遠的歷史。

✽郭元益巧妙運用木模圖案來裝飾門市空間。

✽綠標生活館融合環保教育、推廣實作、多媒體教學、樂活休閒於一館。

✽木模圖案化身為一道道美麗的隔屏，陽光從白色鏤空的圖紋裡灑落而下。

第二篇

木模之美

四十支骨董級木模賞析，帶你重新發掘木模的工藝之美和文化意涵，品味典雅優美的古早糕餅文化。

傳承三百年的工藝

在歷史悠久的台灣糕餅文化中，木模曾是不可或缺的工具，也是家家戶戶必備的廚房用品；在一年大大小小的各種節慶祭典中，為我們印製出豐富多樣且典雅美麗的糕餅。可惜，隨著金屬、塑膠印模的興起，有三百多年歷史的台灣木模已漸有失傳之虞。雖有不少模具仍為店家所收藏，但其工藝與技藝的傳承，已成必須迫切重視的課題。

✽木模已從實用功能轉變為具有收藏價值的藝術品。

台灣糕餅木模的發展

以木模為工具的粉食文化

以木模做為印製的工具，與悠久的粉食文化有著密切的關係。所謂「粉食」，即是將穀物磨成粉末、加工所製作而成的食品。台灣由於適合稻米栽種，故以米為主食；再加上糖業發達，因此將米磨成粉末、摻入糖所製成的糕、粿，是老百姓最常吃的點心。

連雅堂《台灣通史》一書針對台灣人的食俗寫道：「台灣產稻，故人皆食稻。……稻之糯者為朮，味干性潤，可以釀酒，可以蒸糕。台人每逢時歲慶賀，必食米丸，以取團圓之意，則以糯米為之也。端午之粽，重九之蒸，冬至之包，度歲之糕，亦以糯米為之。台灣產稻，故用稻多也。」

也因此，現在所見的傳統木模中，以糕模、粿模的數量最多，家家戶戶幾乎都備有一、二支，以因應年節慶典印製糕粿供品使用。至於以原料小麥磨成粉末製作的餅食，早期因成本高，加工繁複，多半是有錢人家才吃得起的點心。餅模也多為餅店所有，因此數量稀少，且為了吸引顧客購買，圖案也較為精緻。

✽福建廈門木雕師傅所刻的紅龜粿模，圖案與雕工明顯與台灣不同。

早期從大陸輸入

台灣人吃糕餅的食俗，最初是隨著閩、粵二省移民而來，因此早期木模都仰賴原鄉輸入。根據《嶺南民間百藝》一書的記載，明代末年即有木模雕刻業的存在，直至清中葉雕刻技術越發成熟，位於廣東佛山地區的木模雕刻店便甚具規模，且以餅模為大宗，興盛時每年約有數十萬支的月餅模生產與出口。而潮州地區因擅長金木雕刻，所以糕、餅、粿與糖塔模的雕刻也甚為精細，雕刻坊也很多，不僅供應當地居民使用，也多銷往廣東、香港乃至東南亞一帶，可說木模雕刻業很早就相當蓬勃。

台灣本土木模應運而生

清中葉後，隨著來台的移民人口增多，對於糕餅木模的需求也日益增加；雖然當時航運發達，時有船隻往來，但由於運費成本高、風險大，為

✽宜蘭餅發明館展示老闆珍藏的各式木模。

✽郭元益總店櫥窗所展示的糕模。

✽三協成糕餅博物館，是認識各式木模藝術的寶殿。

了長期滿足生活在這塊土地上的需求，便漸漸自行生產並發展出具台灣特色的本土木模。

例如：五斤以上的大餅餅模，顯示台灣（尤其台南地區）對於禮俗的重視；隨著家庭結構的改變，衍生出長方形或圓形的小喜餅模等，可說是融合在地文化而自成一格的台灣木模樣式。

台灣木模的使用量，隨著生活與經濟的穩定、對慶典禮俗的重視，曾經臻至高峰。不過，一九七〇年代以後，由於塑膠製品輕便與金屬模堅固耐用，已有三百多年歷史的傳統木模漸被取代。再加上工廠機器化大量生產製作的形態，糕餅印模的圖案紋飾也逐漸流於刻板簡略的式樣，原有手工雕刻的藝術與趣味感逐一消失。連帶的，倚賴木模雕刻為生的師傅，也因為木模需求量遞減而逐漸凋零。

木模變成藝術品

近年來，許多老餅鋪開始重視這些與他們歷經製餅生涯點滴的老夥伴，以文物陳列的方式重新展示，如：二〇〇〇年成立的三協成糕餅博物館、二〇〇二年成立的郭元益糕餅博物館，以及二〇〇八年開幕的宜蘭餅發明館；或是把木模當成藝術品展示在店裡，如：台北松山的老永春餅店、新北市新店的金成蘭餅店、新

＊二〇一二年「台北國際烘焙暨設備展」中的木模展覽。

竹北埔的隆源餅店、苗栗三義的世奇餅店、台中大甲的裕珍馨餅店、台中市的魏清海太陽餅老店等，都讓民眾有機會能欣賞到深具民間工藝價值的木模作品，也為餅店的自家發展史做了回顧與展望。

古早使用堅實木材刻製的木模，大多可保存百年之久。在這些糕餅博物館中，不乏珍貴的骨董木模；不過，可惜的是，由於相隔好幾代，許多木模流傳或製作的年代已不可考，只能憑店家記憶與雕刻精細度來推算大概的年代了。

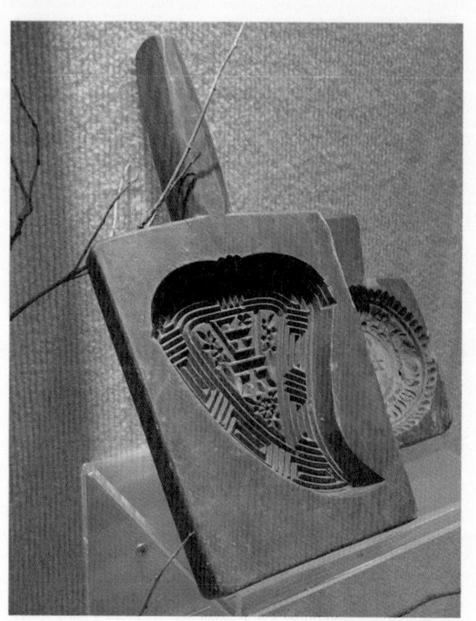

✽表面塗上一層朱漆的紅色粿印，是早年嫁女兒要準備的嫁妝之一。

印模的材質與雕刻工法

由於木頭經得起長年累月的敲打，而且在上面雕刻較容易，也可做較多變化，所以古早糕餅粿模的材質，都以木質居多。

以木質材質居多

常見的木模材質，有烏心石、紅檜、樟木、台灣櫸、龍眼、楠木、肖楠等，這些木材需經一年以上的時間自然風乾才能雕製，否則容易變形。台灣烏心石由於生長緩慢，材質堅固而厚實，即使三代以上刻紋依舊清晰，且因吸收油脂而越用越發黑亮，最受消費者青睞。

除了木質外，也可發現少數陶質、瓷質、磚造、金屬的印模，但因重量重、易碎，所以使用並不普遍。

「陶質」印模，是以陶土加釉高溫燒製，表面泛著亮油光，印製時因不上油也不會沾黏，而深受鄉下耆老、婦女喜愛；但容易摔壞且花紋變化少，還是不如木模實用。

「瓷質」印模，是以潔白的胎土加玻璃釉燒製而成，質地細膩、素雅好看，與陶質一樣具有光滑易脫模的優點。

「磚造」印模，別有一番材料美，暗紅色的胎土呈現厚實的鄉土味。

至於不腐不破的「金屬」印模，大約是日治後期（一九三〇年）發展出來的；其中台語俗稱「生仔」的金屬模為錫鋁合金，質地相當輕。

隨著工業化的發展，印模現已進展到「電動壓模器」和「多連式模具烤盤」，以因應大量製作所需，雖然可省時又增加量產、減少產品的不良率，但卻少了手工木模獨有的樸質與親切感——這是理性工業所不能取代的。

打造木模九步驟

一支好的印模，從木材的選取、取形、刨木、刨花、鑽孔、導圓角、描樣、雕刻、磨光等，至少要經過九個步驟才能完工；想要兼顧實用與美觀，每一細節可都不能馬虎。

雕刻木模首先要備好材料，多半選用質地堅硬

＊磚造的桃形粿模，具有厚實感的鄉土味。

＊陶質的粿模不上油也不會沾黏。

＊錫鋁合金的金屬餅模。

✽要先在木板上繪製所要雕刻的圖案，然後再進行雕刻——此一步驟有賴雕刻師傅的美學涵養。

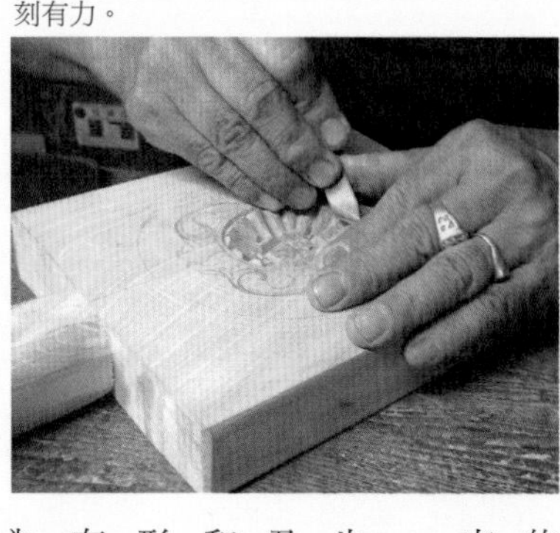
✽烏心石質地堅硬，一刀一刀雕鑿，圖案深刻有力。

的台灣烏心石或檜木來製作。

再來是「取形」，也就是依照印模種類及重量大小，以圓鋸和線鋸機裁切出主體形狀，例如：餅模為有柄酒瓶形、粿模多為有柄長方板；依照重量，又有四兩、六兩、半斤、一斤的差別。

接著，是把粗糙的木材刨平，使其厚度一致；再挖出所要雕刻圖案的深度與雛形，並鑽上通氣孔（只有餅模才需要）；然後修整把柄的轉折處（又稱導圓角），以利使用者握持。

再來便是「描樣」——即在木板畫上所要雕刻的圖案，此一步驟有賴雕刻師傅的美學涵養；但如果是依照「公版」（經銷商的型錄）來畫，就較無藝術性可談。

然後便是「雕刻」了。利用大小的平口刀、斜口刀、圓口刀，以陰雕方式雕鑿出美麗的圖案，這是最困難、也最能展現雕刻技藝的功夫所在。

最後，將完成品做細部的磨砂、刨光處理，一件美輪美奐的木模便大功告成了。

早期，紅龜粿模也作為女兒出嫁時的嫁妝之一。為沾染喜氣，雕好的粿模會再上一層朱漆，使其整支通體朱紅，雖然掩蓋了木材原本的紋理，卻將傳統文化中的「吉祥」與「喜氣」意境表達得淋漓盡致。由於現代人多不自己做粿，因此這種上了朱漆的粿模，更是物以稀為貴。

TIPS

木模的保存與使用

除了木模是由餅店商家指定訂製者外，雕刻師傅雕好的木模，大多會送到食品材料行寄賣，如位於台北迪化街的「洪春梅食品材料行」即是其一。

木模買回去之後，必須至少浸泡在沙拉油內一至二天，目的是使油填滿木材的毛細孔，以防止日後使用龜裂變形，並有防腐、防潮的功能。至於不再使用的餅模，則不要放在潮濕地方，可兩支相扣一起，以防止灰塵進入。

✽刻好龍鳳圖案的喜餅模，其上保有空白處，待買家再刻上餅店名稱。

目前還持續在雕刻糕餅木模的師傅，全台可能不到十位，北台灣的木模雕刻師傅更幾乎都凋零了。讓人不禁擔心，也許真有一天，台灣的糕餅木模雕刻會很快走入歷史。為這些珍貴的木模工藝和老師傅做紀錄，已變得刻不容緩了。

陳和村師傅——作品遍布北部糕餅店

二〇一〇年六月，來到位於台北迪化街的陳和村師傅家採訪。因為市場沒落，一個月做不到一件，加上原木料缺少，陳和村老師傅已於二〇〇六年結束雕刻生涯。他無奈的表示：「我的工具都收起來，刀也丟了，因為有八、九個孫子在這裡很危險。即使現在有餅店想刻，也都跑到大陸去買了。」

「陳和村雕刻店」早期深隱在大橋頭附近，沒有店名，也沒有電話，卻是北部糕餅業行家都知道的店家，舉凡郭元益、義美、十字軒、新東陽、龍月堂、超群、老永春等知名餅家，都是它的客戶。「其中，超群可說從開業到倒，都是我幫他們刻的。」陳和村回憶說。三十年前，他也刻過台中太陽堂餅店的木模。

一九四四年出生的陳和村，十三歲就跟父親學做木模，二十四歲即獨當一面。他父親陳賜福原是做神龕雕刻的，一回幫朋友刻糕模，由於雕工太過精美，名聲便傳了開來，之後就以雕刻木模為業——而這一做就是五、六十年。一九八三年《漢聲雜誌》〈米食粿粉篇〉專輯中，有一篇陳賜福父子的專訪：溫文儒雅的陳賜福，刀下所呈現的圖紋，不僅富含吉祥寓意，動植物的姿態更是神靈活現，深得不少餅家

✽陳和村師傅已退休、享受天倫之樂了。（圖片提供／郭元益餅店）

✽老永春餅店所收藏的糕仔龜模，出自於陳賜福師傅之手，紋飾典雅而活潑。

喜愛。在受訪中，他提到：「這門工夫看似簡單，其實很不容易，要懂得其中的訣竅，也得頭腦靈活，才能花樣翻新。」例如：餅模刻痕必須粗深些，烘焙後才不會模糊；糕或粿模不必烘烤，所以可以雕一些細膩精美的圖案。而這些吉祥圖案都深印在陳賜福的腦海裡，不必打草稿就可以直接下刀了。

晚年，陳賜福因眼力差，多由兒子陳和村接手，「木模生意好時，每天都可以做到晚上十二點，一天約做十多支。」陳和村說。他雕刻一支喜餅模（一斤），約需二天的時間；小月餅更快，一天雕五、六支都沒問題。而雕刻木模最困難之處，在於鑽洞後的修邊，也是考驗雕刻師傅的功力所在。

蔡榮興師傅——「火土師」的傳人

「台北大橋頭的師傅不再刻木模了，那要去哪裡訂製呢？」老永春餅店八十多歲的林賢良老師傅告訴我，宜蘭市知名蒜味肉羹店的對面有一家。

這間雕刻店沒有店招，建築物還是傳統的一層樓日式屋舍，周邊則是販賣各式美食小吃，若非正巧蔡榮興師傅在店內工作，還真是不容易發現。

蔡榮興一九五二年生，其父親蔡火土為早期宜蘭知名的木雕師傅，人稱「火土師」。他師承父親，習得一身好手藝，曾協助完成宜蘭城隍廟、慶和廟、西關廟等廟桌雕花，精通八角眠床的木雕、各式印模、偶頭等雕刻，目前仍從事木雕的工作，像是宜蘭餅發明館前面巨大的狀元餅模木雕，便是他的作品。

二〇〇九年，宜蘭市舊城西門的「鄂王社區」，為振興在地工藝特色，也請來蔡榮興雕刻一支長一百五十公分、寬一百二十公分，重達一百五十公斤的超大粿印，希望為地方發展帶來好運。這支粿模平時存放在光明寺，辦活動時才拿出來使用，可供二百人吃平安。

面對木模雕刻業的沒落，蔡榮興有感而發地說：「目前木模雕刻做一天算一天，哪一天不做了就出租出去。」言下之意，現年六十歲的他，也離退休不遠了。如何保存這些國寶級師傅的珍貴手藝，值得大家好好思考。

＊現年六十歲的蔡榮興師傅目前仍從事木模雕刻。

＊蔡榮興師傅雕刻的粿模，與所印出來的產品。

木模上的幸福印記

我們常可在木模上發現許多美麗的紋飾，這些圖案大多採用迎福納祥的題材，將民間對於生活的期望，或為健康長壽、或為求子多福、或為追求富貴，透過圖案來象徵表意——讓人每咬一口糕餅都幸福滿載。

學者簡榮聰於《台灣粿印藝術》一書中提到：「傳統台灣民間社會所使用的粿印、餅印、糕印、糖塔模子，都是經過手工雕製，刻繪出線條流暢，或簡潔遒勁、或樸拙醇厚、或親切可愛的圖案。這些圖案無論布局、動態、神韻方面，均值得詳細析賞。」

每一支粿糕餅模可說皆獨具特色，即便是出自同一師傅之手，也都不一樣。而因師承派別的不同，北部與中部的雕刻手法也出現極大的差異，各自都有獨特的工藝之美，值得細細品味欣賞。

✽木模上雕刻的美麗紋飾，每一個都代表了民間對幸福生活的期望。

餅模

餅模大致可分為喜餅模與月餅模二種，形式略有不同：以製成品的大小來說，喜餅較大，最重有二斤以上，最小則約四兩；月餅則是越做越小，現今流行的小月餅約只有一兩左右。至於餅模上的圖案，喜餅模多刻龍鳳相對或是狀元返鄉的畫面；而月餅模因餅面小，多以口味別文字或店名搭配花草來裝飾。

然而，不論其形體如何，餅模的共通點就是單面雕刻、且只刻一個餅形，不像粿模有四面雕的形式，或是像糕模在一塊木板上雕有多個糕印。此外，由於操作時必須將餅模執起、覆模敲出，所以餅模在外形上大多有一長握柄以利操作；而為了符合餅包餡後厚度增加，餅模的深度是糕、粿印模中最深的，並在側邊鑽有一小通風孔，可讓空氣進入，方便脫模。在雕刻方面，由於內餡烘烤後易膨脹而使外觀變形，所以餅模雕刻角度多呈九十度，餅面才不致在烘烤後模糊不清。

餅模的造形多為圓形，有「團圓」之意；也有的是花形，如牡丹、菊花、向日葵等，有「花開富貴」的寓意。至於長方形、半斤重的喜餅造形，則是為因應南部婚俗的需求才出現的。近年來也有心形的喜餅，取心心相印之意，以迎合時下年輕人直接告白心意的潮流。

✽ 每一支木模都有獨特的工藝之美，值得細細品味欣賞。

✽ 餅模側邊鑽有一通氣孔，以利脫模。

✱台南、高雄一帶婚俗，流行長方形式樣的盒仔餅（六塊裝），每塊約半斤重。圖為台南萬川號餅店的訂婚禮餅，圖案右下角為鹿，左上角為鶴，中間斜對角線以松、梅、竹裝飾，用來祝賀新婚夫妻長春不老。

✱此為製作蛋黃口味的月餅模，體積較小。

✱由於餅經高溫烘烤後易膨脹而變形，所以餅模雕紋較深。

龍鳳紋

龍鳳紋常見於訂婚禮餅上。在圓形或花形的餅模中，「囍」字兩旁常雕有一對龍、鳳相對，意寓「二姓合婚、龍鳳呈祥」。「龍」在古代傳說中是一種變化無常、且能呼風喚雨的神物，它不僅是鱗蟲之長，在中國的歷史上更是帝王的象徵。「鳳」則是百鳥之首，古人認為鳳的色澤五彩繽紛，羽毛均成紋理，而將其比喻為具有仁、義、禮、德、信五種美德，多做為帝后、女性的代稱。

◎出處：郭元益餅店

這種十二兩重的喜餅模，是為了因應飲食習慣的改變，由於以往一斤（十六兩）的喜餅嫌太大而刻製的。外觀為花形，由十六瓣花瓣所組成，象徵花開富貴；中間由二個圓圈構成視覺的焦點，正中央的花圈內刻上圓形「囍」字，外圈則分別以龍鳳相對，下寫餅店名稱，上以花卉裝飾。整體而言，雕刻力道遒勁，圖案清晰深刻，相當具有藝術價值。

◎出處：雪花齋餅店

此喜餅模外形是由二十一瓣花瓣所構成；特別的是，在連續雙圈內，一對龍鳳相拱的不是常見的「囍」字，而是餅店的標誌── 梅花圖形內有一「雪」字，下面再刻上餅店名稱。此件作品，龍鳳體型清晰可見，中間為該餅店特有的商標圖案，辨識度高。

◎出處：郭元益餅店

此為六兩重的喜餅模，外觀為一特別的「愛心」花瓣造形。有別於傳統的大圓餅，為二塊餅一組的對餅形式，因此是使用兩支木模來製作。其中一支，在扇形的郭元益店號右邊單刻一條鳳，尾翼由下盤旋而上，雲朵與花卉搭配穿插其間；另一支則為龍紋，兩者合起來一樣有龍鳳呈祥的意思。

（圖片提供／郭元益餅店）

人物紋

在傳統大餅中，除了經常以龍鳳紋來表示成雙成對之外，也可見「狀元衣錦還鄉」的人物紋飾，取其吉祥徵兆。有趣的是，隨著餅模的大小不同，可以看到雕刻師傅構圖安排的差異，如五兩重的只出現狀元一人，一斤重的則多加一位童子，二斤則有二至三位童子在旁伺候；此外，雖然都是狀元返鄉的畫面，也因為師傅傳達的意念不同，而有快馬加鞭與悠閒自在的兩種心境呈現。

由於古代科舉考試放榜的日期接近中秋，民間為討個吉祥，便以狀元衣錦還鄉為月餅圖案，並舉辦「搏狀元餅」的遊戲一起同樂。而將「搏狀元餅」習俗傳入台灣的，據說是鄭成功的愛將洪旭，他因念及戰士連年在外征戰十分苦悶，於是借搏狀元餅活動來排解中秋佳節思鄉之苦。

此遊戲共計有六十三個餅（包括：狀元餅一個、分平餅兩個、三紅餅四個、四進餅八個、二舉餅十六個、一秀餅三十二個），樣式則依序由大而小；玩法是依六顆骰子擲出的結果，來決定所得餅別的獎項。

✽人物紋飾裡，以「狀元衣錦還鄉」圖最常見。

◎出處：老永春餅店

此為五兩的狀元餅餅模。外觀為花形，由十二瓣花瓣所組成。由於印製的狀元餅較小，因此餅面上只見狀元一人快馬加鞭，身旁沒有童子伺候。但狀元手揮皮鞭、馬匹四肢馳騁張開的樣子，再加上看不清楚的馬臉（可能因奔馳速度太快）……，使整個畫面動感十足，讓人感受到狀元歸心似箭、急著返鄉報喜的心情。

◎出處：老永春餅店

此為一斤的狀元餅餅模。外觀為花形，由十六瓣花瓣所組成。此木模與左邊五兩的狀元餅模，皆為同一師傅所雕刻，但因為餅面的尺寸較大，所以雕刻師傅又多安排了一位童子在旁。外圈再綴飾連綿不斷的卷草紋，象徵生生不息之意。上寫店名「永春香」，即為老永春餅店的前身。

◎出處：三協成糕餅博物館

此狀元餅餅模外觀為花形，由十九瓣花瓣所組成。畫面上以二個圓圈分割視覺焦點，中間是頭戴展翅烏紗帽的狀元、騎著馬衣錦還鄉的圖案；左右各有二位童子伺候，一位拿著涼傘、一位牽著馬。雖然人物的五官不是刻劃得非常清楚，但從馬兒行進的姿態、狀元悠哉的神情，可看到整個構圖呈現出得意、自在的氛圍。

外圈再以書卷、彩帶裝飾，上寫「中秋月餅」，下寫「高合興」餅店名稱。為三協成餅店老闆所珍藏的餅模。

◎出處：雪花齋餅店

此狀元餅餅模外觀為花形，由二十一瓣花瓣所組成。由於畫面上沒有切割二個圓圈，所以狀元還鄉的圖案得以有較大的版面發揮，可見三個童子出現：右邊拿著涼傘；左二牽著馬；最左邊的拿著寫有「雪花號」的旗幟。雖然整體畫面沒有餅店名稱的出現，但卻讓人一眼就了解是雪花齋餅店。左上角圖形內有一「月」字，代表月餅；上方的空間，則有隻向下飛來祝賀的仙鶴，讓畫面更加生動有趣。

◎出處：龍月堂餅店

此狀元餅餅模外觀為花形，由十六瓣花瓣所組成。此件餅模特殊之處，在於餅面中間又有一朵向日葵花綻放，而花蕊的中心則是狀元返鄉的圖案，「花中花」是相當別緻的安排手法；而且，左右各有一位童子，其中拿著涼傘的童子眼光朝向右下方，與一般臉朝左看狀元的角度不同，值得玩味。上方則飛來一隻蝙蝠，為「福氣到」的象徵。整體從側面的角度觀看，更可以發現雕刻師傅刀下的功力。

◎出處：十字軒糕餅舖

此為五斤大的狀元餅餅模。外觀為花形，由十六瓣花瓣所組成，以二個雙圈為主要視覺焦點。與一般狀元餅圖案最大之不同，在於內圈的狀元返鄉圖，畫面又分為上、下二部分，共有五位童子隨行；除了基本牽馬與拿涼傘的二位童子之外，在主圖的下方，從右到左還設計了拿著「狀元」彩牌、邊走邊敲鑼以及手執嗩吶的童子，可以想像整列隊伍熱熱鬧鬧的是多麼風光，畫面相當有動感！而外圈的圖案設計，雖然不外乎是以花草來裝飾，上寫著店名；但特別的是，下方還刻有城門的圖案，與十字軒在北門城外的實際地理位置相呼應。

糕模

糕，常被視為祭拜神明的絕佳供品，正因為它擁有多變的造形與美麗的紋飾。舉凡元寶、魚、花、水果、神仙、鳥禽等，不論是天上飛的、地上爬的、水裡游的，都經常可在糕模圖案中發現；印出來，一塊塊猶如小巧的藝術品，相當精緻可愛。

糕模的形制多樣化，外形有長條形、長方形、正方形，造形也有單一片木板、二片或三片的組合板等，其變化大多視圖案多寡與大小排列而定。

由於傳統糕點的做法，是將處理好的糕仔粉以勺子舀入糕模內，壓實定形之後，再覆模敲出，因此糕模都為單面、陰雕，且大多無柄；也因此，其雕刻手法，多以斜切四十五度角的方式雕鑿，呈現口寬底窄的形式，目的是讓糕仔方便脫模，以避免力氣太大而讓糕品粉碎；若為二片或三片組成的模組，則壓實糕仔粉之後，再輕移上蓋或左右套模即可。

例如：長條形多個一組的糕模，由於沒有把柄可以握持，所以寬度以八公分為限，長度則不限制。樣式有同一模子皆刻相同圖案的，方便大量印製；也有同一模子但每個造形都不同，以表現同一主題故事的，顯得熱鬧而繽紛。

✻二片一組的糕模，使用時只要輕移上蓋就完成了。

✻雖然都是一樣的書卷外形糕仔，但隨著花草裝飾圖案的不同，就擁有不一樣的視覺美感。

✻寫有「財、子、壽」的糕仔龜，把一般人追求財富、多子、長壽的心理表露無遺。

✻花草、瓜果為糕模中常見的裝飾圖案。

瓜果紋

在吉祥圖案中，常用瓜果類來形容豐收、美好的意涵，如桃子、石榴、佛手、荔枝、鳳梨、葫蘆等。這些鮮美的果實，不僅豐富了我們的生活，其種子的繁殖能力又與人類渴求子孫綿延的心理相符，因此我們常常賦予瓜果神性，也作為多子、貴子的象徵。

例如：「佛手柑」為供佛的瓜果，加上「佛手」與「福壽」（台語）諧音，而有祝福、長壽的吉祥涵義。石榴、佛手的果實皆多子，與桃一起出現，有「多子、多福、多壽」的三多吉祥寓意。荔枝與桂圓、核桃的果實皆呈圓形，圓與「元」同音，因此這三種瓜果常組成「連中三元」的吉祥圖案，比喻應試成功、出人頭地。

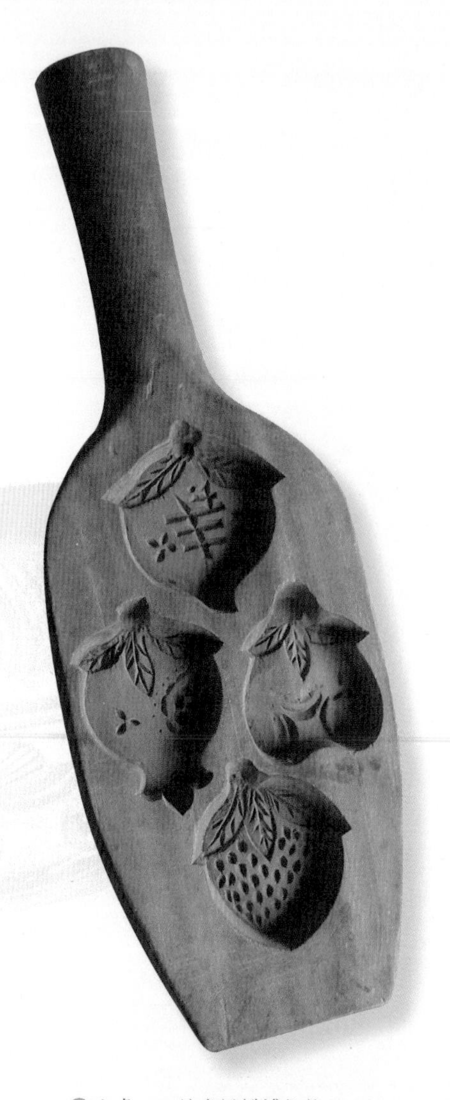

◎出處：三協成糕餅博物館

這支有柄的酒瓶形糕模，是三協成餅店老闆的珍藏。其上共有四個瓜果圖案，由上而下分別是桃子、柿子（右）、石榴（左）、荔枝。傳說西王母瑤池所種的蟠桃，吃了可讓人增壽，故以桃子來象徵長壽。而「柿」與「事」同音，因此常用柿子來比喻事事如意。石榴則因種子繁多、果肉呈現晶瑩剔透的紅色，自古就有多子多孫的寓意；傳統婚嫁習俗中，娘家也會送一盆石榴，以祝福新婚夫妻早生貴子。荔枝音近「立子」，又諧音「俐」，而有聰明伶俐之意；與橘子搭配，則是大吉大利。

◎出處：私人收藏

葫蘆多子，象徵強盛的生命力，民間常用來比喻多子多孫；其台語讀音與「富仔」相近，也有「富貴萬年」的寓意。此外，葫蘆也是仙人手中所持的法器之一，具有辟邪、治病的功能，有「起死回生」的能力，因此在糕模中常見單一的葫蘆圖像，或是做為邊緣圖案的裝飾。

◎出處：高隆珍餅店

這支無柄的長方形糕模，可以一次印出五個糕仔，圖中由左至右分別是鳳梨、竹子、兩顆鳳梨、稻穗以及狀似蘭花的圖案。鳳梨為台灣常見的水果，台語音似「旺來」，常被比喻為好運到來，兩顆鳳梨更有「旺旺來」的意味，其果肉可做成鳳梨酥、鳳梨餅。除此之外，比較特別的是稻穗圖案旁還刻上「高隆珍」店名，有豐收、賺錢的寓意；「穗」又與「歲」同音，也有歲歲平安的吉祥之意。

◎出處：老永春餅店

這支有柄的長方形糕模，可以一次敲出十四個糕仔，雖然上下排的外形都一樣，如銀錠、桃子、梅花、八卦、雙桃、菊花等；但仔細一瞧，卻可發現底部的紋飾不盡相同，分別以各種花草及壽字來點綴，可說同中取異，相當具有圖像之美。其中，雙桃又有長壽、平安的寓意。

◎出處：老永春餅店

這是製作立體壽桃糕的模具，用於廟會慶典為神明祝壽，美觀大於食用。造形是以兩片厚木板組合而成，上面分別刻有連著枝葉的桃花二朵，其一多刻個「壽」字。民間神話中，「桃木」可制鬼鎮邪，「桃花」可用來比喻美女的容貌。為增添喜氣，在白色的壽桃成品上噴灑粉紅色染劑，再於枝葉與桃花、壽字上分別描繪綠色與粉紅色。

花草紋

在糕餅模中，花草紋最常見，如牡丹、菊花、梅花、柿花、桃花、蓮花等，常作為糕餅周邊的裝飾，或是以其花瓣為造形。其中，牡丹雍容華貴，自古即為富貴的象徵，印模中常見「龍鳳戲牡丹」的圖案；梅花傲雪耐寒的特性，常被比喻為堅忍不拔；喜鵲立於梅枝的圖樣，又有「喜上梅梢」的涵義。

草葉紋大多具有綿延、吉祥、長春、富貴的意思。常見如常春藤、金銀花、紫藤等「纏枝紋」，因具有藤蔓綿長、纏繞不絕的特性，而象徵生生不息。其他如松針，具有「長青不老」、延年益壽的吉祥寓意；竹子因其生長特性虛而有節，被視為理想的人格象徵，因此松、竹、梅常合為「歲寒三友」，或是梅、蘭、竹、菊合稱為「四君子」。此外，竹也與「祝」同音，表示祝賀之意。

◎出處：連珍糕餅店

這是二片一組的糕模，其上一朵大蓮花圖案，可知是用來印製「蓮花糕」的模具。早年喪禮中，對於前來弔祭、送奠儀的親友，多以白色「蓮花糕」做為答謝；不過，此項習俗於一九六〇年代後已為「毛巾」取代。由於佛教經典中，「蓮花」就是「佛」的象徵，因此喪禮常以蓮花的形象代表祝福。此外，蓮花雖生長在污泥中，但花朵卻出污泥而不染，因此，自古文人墨客都喜歡以蓮花來標榜高潔的人格。

◎出處：私人收藏

蕉葉圖案多單一使用在糕模中，由於「蕉」與台語「招」音近，有招來福氣、招來貴子的寓意；再加上蕉葉為道家八寶之一，因此也有辟邪的象徵。此模圖案清新典雅，具文人氣息。

◎出處：老永春餅店

農曆九月九日為重陽節，這一天有登高、吃重陽糕、飲菊花酒的習慣。早年除了以麻糬祭祖拜拜外，還會準備各式各樣的菊花糕以應景。圖中的這支糕模，可以一次印出四種不同紋路的菊花糕來，值得玩味。

◎出處：老永春餅店

這是三片一組的「糕仔筒」模，用於喪葬禮，印好的糕堆疊成塔放在靈前兩側（層數須為單數）；若往生者享有高壽，則會將白色糕仔筒染成粉紅色。糕仔筒分有鹹、甜二種口味，甜的是白糖，鹹的是椒鹽加上白芝麻。由於糕仔筒不耐久放，三十多年前即被罐頭塔所取代，現今只剩模具可供欣賞。

這組糕仔筒木模雕刻得相當精美細緻，圖案分別位在前後，一面是菊花，一面是蓮花與鶴。菊花有長壽花之稱；鶴為長壽鳥，為南極仙翁的坐騎，有駕鶴西歸之意；蓮花在佛教世界裡，象徵著受到仙佛的護佑，因此以這些圖像祝福逝者可以超脫、往生極樂世界。仔細觀賞圖案的變化，還會發現，蓮花一朵含苞、一朵綻放，中間的鶴欲展翅飛翔，姿態優美，畫面生動而豐富。

◎出處：宜蘭餅發明館

從黝黑的色澤來看，可知這支木模頗有年紀，應是早期婚嫁時製作訂婚糕所使用的木模。周邊以直線條紋環繞，中心圖案為三朵菊花，盛開得相當燦爛。其中二朵又大又圓，為視覺的焦點；位於上方的第三朵則較為嬌小，讓整體構圖有了遠近的差別，呈現出活潑的畫面。菊花一直是糕模中常見的題材，不論是相連繁複的花瓣雕工，還是具有君子的隱喻，都可看出民間對它的喜好。

◎出處：郭元益餅店

這是三片一組的糕模，一次可印製三塊彎糕，其外觀為彎錠元寶的形狀，故而得名。此件木模屬於早期的作品，因寬度較窄、約二公分半，高度較高、約三公分，所以在正立面雕有圖案。整組木模雖然不脫花草的裝飾，但構圖清新不落俗套，右左分別寫上「元」、「益」二字代表店名，並以草葉紋點綴其間；中間則為桃花盛開、結實累累的樣貌。多用於中元普度時。

文字紋

具有圖像之美的中國文字，不須多加綴飾，就相當具有藝術觀賞的價值，且表達的意涵直接而明白，讓人一眼就明瞭。而且民間認為，吃了有文字的糕餅，就如同神饌下肚，可以分得文字上的福氣，因此文字紋經常運用在糕餅木模上。例如「囍」、「壽」二字就很常見。「囍」字見於訂婚喜餅上，做為新婚「喜上加喜」、「雙喜臨門」的祝賀詞，並與龍鳳搭配，或單見一「囍」字。「壽」為人生最大的期望，常運用在紅龜粿模中，也見於糕模，且字體變化多端，成為美麗的圖像。

◎出處：宜蘭餅發明館

這支有柄的糕模，圖案部分塗上了朱漆，看來相當喜氣。中間是一變體的「壽」字，周圍則以直線條構成的四個半圓裝飾，鋪以簡單花草，整個畫面簡潔、主題明確。

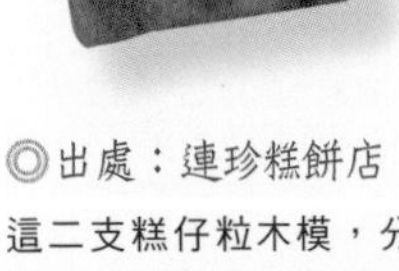

◎出處：連珍糕餅店

這二支糕仔粒木模，分別可印製二十五顆的糕仔粒，粒粒嬌小可愛，有花形、圓形、橢圓形、六角形等，底部多以花、草、文字來裝飾；仔細瞧，可以看出「年」、「年」、「有」、「餘」、「發」、「財」、「春」、「壽」等字樣，可說把對生活的期望都縮小在這一顆顆迷你的糕仔裡，希望吃了可以心想事成。

◎出處：郭元益餅店

以書畫卷為外形的糕模，二片一組，中間寫「福壽」二字，左右兩邊分別刻上「行天宮」、「關帝廟」，是郭元益於一九七〇年代為行天宮廟宇製作福壽糕的糕模。整組木模以文字表現為主，讓信眾吃了可以直接獲得福氣與延年益壽。

◎出處：私人收藏

這是一支方形有柄的木模，上刻有九個精美的圖案，如：彎錠元寶、仙翁、喜鵲、蝴蝶、桃花、荔枝、菊花、犀角杯（道家八寶之一）等；其中在桃花及菊花的中間，皆可發現文字的存在。桃花內寫的是「壽」字，但與回字紋、圓形結合變形為「團壽紋」，同時具有長壽、綿延與圓滿的涵義。菊花內寫的是「祿」字，反映出文人對於功名利祿的期望。

水族紋

水族類的魚、蝦、蟹圖案，不僅常見於生活用器中，糕、餅、粿模裡也經常可見這些紋飾的運用。魚音同「餘」，民間常用魚來象徵「富貴有餘」、「年年有餘」，多以鯉魚、鯛魚、金魚為造形，形體多做張鰭翹尾的姿態悠游。蝦、蟹類則因身上都有殼，而寓有「甲第」、「登科」之意；其中，蝦十分活躍、善於跳耀，又因身形能曲能伸，而常被引用為順心之意。

◎出處：老永春餅店

此糕模由上下二片木板所組成，印製出來的糕仔龜（左圖）多作為神誕或元宵乞龜的供品。由於木板的厚度深，因此刻出來的圖案精緻而美麗，除了有石榴、桃、蓮花等瓜果花卉裝飾外，還可見栩栩如生的魚、蝦、魷魚等水族類。

此組糕模完全符合「正龜」的造形；所謂「正龜」，是指龜形的圖案完整，必須包括：頭、尾、前足五爪、後足四爪，龜甲上共十三個幾何區塊（俗稱「十三省」），以及龜甲邊緣圍起來的二十四個半圓形圖像（稱為「二十四山」），共同構築出嚴謹、莊嚴的吉祥圖案。

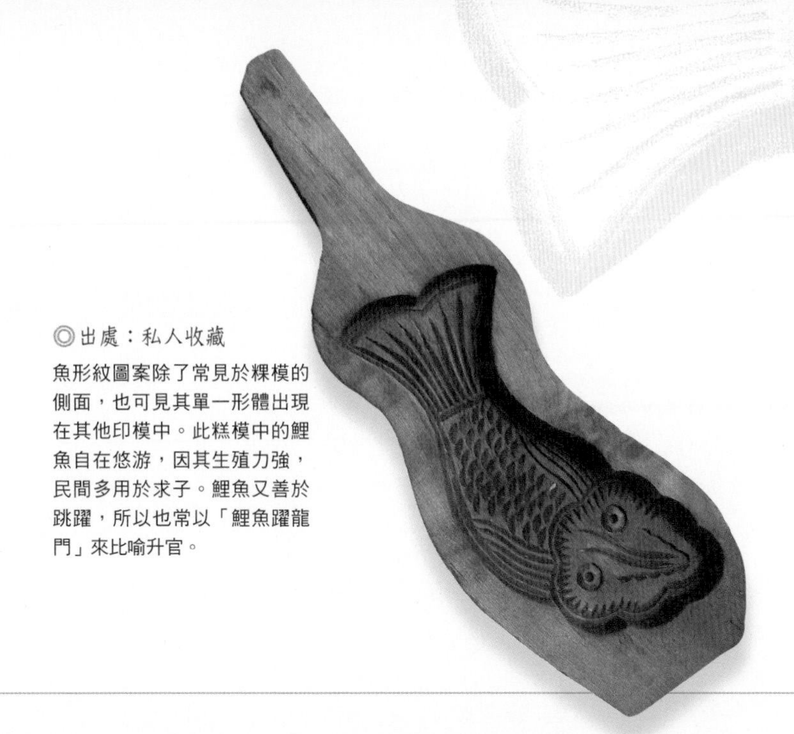

◎出處：私人收藏

魚形紋圖案除了常見於粿模的側面，也可見其單一形體出現在其他印模中。此糕模中的鯉魚自在悠游，因其生殖力強，民間多用於求子。鯉魚又善於跳躍，所以也常以「鯉魚躍龍門」來比喻升官。

◎出處：老永春餅店

此糕模是由上下二片木板所組成，掀開上蓋，可清楚看見鯉魚栩栩如生的優美造形，鱗片凹凸有致，做張鰭、翹尾狀，相當有生命力。

粿模

粿模為製作粿類食品的模具，操作的方式是將粿糰按壓於模子上，再反過來利用拍擊的力量脫模，所以粿模多製有手柄以利操作；也有少數是無柄的，多是印製五斤以上的大型粿模。

整體而言，粿模的刻紋比餅模、糕模淺，且從周邊往中央刻紋漸深，以方便脫模。依照粿模上的圖案分布，可分為單面雕、雙面雕、三面雕、四面雕等四種形式。單面雕的粿模最常見、數量也最多，大多是單刻一隻烏龜或是壽桃。雙面雕則一次可以印製兩種不同圖案，常見龜與桃分別位在正反兩面。三面雕與雙面雕類似，一次可只是在側面多雕一種圖案。至於四面雕的粿模，正面刻龜、背面為桃，兩側常見連錢紋與魚紋，一次可以印製四種不同造形的粿。

由於雕刻形式的差異，不同粿模的厚薄度也不一。以四面雕的粿模來說，為了在兩側刻上圖案，所以木板的厚度較厚，因此圖紋也較為深且立體，收藏價值高；缺點是重量較重，操作較不輕便。

至於薄板，雖然比較輕巧，但是圖紋多為單面，而且雕紋較淺、用久了容易模糊，相對地在價格上也就較厚板便宜。

✱ 紅龜粿是台灣深具民俗意涵的祭品，上印有一隻烏龜，以表長壽。

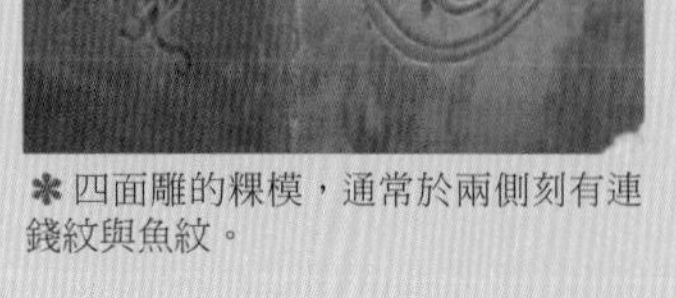

✱ 四面雕的粿模，通常於兩側刻有連錢紋與魚紋。

✱此粿模側面的連錢紋，是由好幾個圓形古銅錢串連在一起，象徵「財富連綿」；又因錢可生息，又有「子孫繁衍」的比喻。以連錢紋所印製出來的粿，台語稱之為「牽仔粿」，是正月初九拜天公必備的祭品。

✱紅龜粿模的樣式與圖案多變，值得細細賞析。

龜紋

龜紋，是所有粿類中最常被運用的圖案。「龜」台語與「久」音近，因此祭龜也就代表祈求「長壽」。古籍《尚書》指出「壽為五福之首」，人們深信唯有追求長壽才能擁有財富與功名利祿，所以不管任何年節、禮俗，台灣人都喜歡用紅龜粿祭拜。這種龜文化的崇拜可溯自遠古時代，早在殷商時期便有「祭龜」習俗，一直流傳到今日；因龜不敷使用、加之保育觀念盛行，後人才以米做成紅龜粿取代。

粿模上龜紋的圖案變化多端，基本可分有「單聯龜」（單刻一隻龜呈橢圓形），與「雙聯龜」（兩龜身連體呈葫蘆形）二種。「雙聯龜」有「加倍奉獻」的誠意，依台灣民間的習俗，多用在敬神；敬大神用大雙聯龜，拜小神用小雙聯龜。此外，台南地區「做十六歲」成年禮拜、七娘媽生時，所準備的紅龜粿也男女有別，男為「雙聯龜」，女為「單聯龜」；這與農業社會重男輕女的觀念有關，因「雙聯龜」有希望連生男孩的寓意。

◎出處：三協成糕餅博物館

這支粿模的尺寸不大，操作使用輕便，但龜紋的圖案十分抽象、特別，為兩側往內凹的變形，取古早銀錠的外觀，既有長壽、也有富貴的意涵。除此之外，龜甲背上刻的不是傳統「壽」字，而是刻分為五等分，以直線、曲線構成不同的幾何圖案，別有一番趣味！前端空白處另有石榴與花卉的裝飾。

◎出處：郭元益餅店

這支為方形有柄粿模，與上支一樣，橢圓形外加框內刻有一隻龜，但不同的是中間為「福」、「祿」、「壽」三字；「福」象徵福氣、富貴，「祿」意指功名、子孫繁衍，雖與「財」、「子」、「壽」的寓意相近，但就文字圖像而言，「福」、「祿」、「壽」三字使用篆書體字，且字體沿著外框邊緣變化，而有不一樣的造形之美。

◎出處：老永春餅店

這支桶形有柄粿模，四邊呈圓角狀，透露出溫潤的木頭質感。在橢圓形外加框的圖案內，一隻龜甲背部中間刻有「財」、「子」、「壽」三字，四周以凹凸線條由中心向外放射；除了頭、尾、四肢及龜甲外，還以花草紋飾點綴、豐富畫面。值得一提的是，這支粿模將「財」字放在首位，與傳統觀念「壽」為五福之首不同，顯現民間對於財富的重視，多在廟宇乞龜活動時製作紅龜粿使用。

◎出處：老永春餅店

這支木質粿模的尺寸相當大，為長七十四公分、寬六十公分，握柄十八公分。特別的是，它有一半的周邊是做成兩塊活動木板的形式，可以隨需要增加粿模的尺寸，用以印製三十到五十公斤不等的紅龜粿。

此外，它的正反面都刻有龜紋，可以因應不同大小粿模的印製需求。正面（上圖）的板面很大，中間幾何方塊內共刻有十三個字，中間為「壽」字，左右分別是「福如東海」、「壽比南山」，上下為「弟子」、「平安」，用於廟會神誕，向神明祝壽用。

反面（下圖）的左下角，另刻有較小的紅龜，上寫「財子壽」三字，用來印製較小的粿。

◎出處：老永春餅店

這支粿模的龜紋造形十分簡樸，主要以龜背上的回字紋為視覺焦點，雖沒有繁複的花草裝飾，但烏龜形體活靈神現，十分具有民間工藝的趣味感。木模上方分別是桃子（右）與石榴（左），除了作為裝飾，也可印製小小的粿，實用大於美觀。

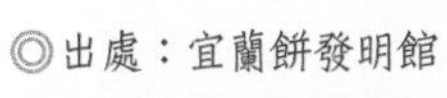

◎出處：宜蘭餅發明館

這支為陶質粿模，圖案為葫蘆形的「雙聯龜」，印一隻視同二隻，誠心加倍。在龜身旁，另以文人所用的琴棋書畫「四藝」裝飾，象徵修養高雅、祝人及第。這類圖案常見於糕餅印模中，粿模有此裝飾則較為少見，因此稀罕珍貴。

◎出處：老永春餅店

同一面刻有龜紋與桃紋的粿模，十分實用。從歲月在木模上留下的痕跡，就可知道這支木模使用率極高。桃子中間刻有桃花，外圈也加上二朵桃花裝飾，造形簡單樸實、不花俏，但遒勁的雕刻力道卻極具藝術觀賞性。

◎出處：老永春餅店

這支粿模可同時印製二種不同的圖案，其中之一為尖桃，擁有斜斜尖尖的尾巴，中間為「壽」字，旁再以「回」字紋環繞。印製時，須配合尖桃造形將粿糰修飾有一尖尾，再進行壓印，如此桃仔粿的形體才會完整、漂亮。

桃紋

桃仔模是用來印製桃粿的器具，常見一大塊板子上刻著一顆桃子。桃粿的用途廣泛，除了可以當成祝壽的賀禮外，在小孩滿四個月做「四月日」時，也會印製桃粿祝福，俗稱「四月桃」；此外，也可作為結婚歸寧新娘帶回夫家的伴手禮，稱之為「客桃」。

桃子的造形多變，依其外形可分為圓桃和尖桃二種，有人說這是族群的差異：「客家人喜愛尖桃，閩南人偏愛圓桃」，但現今已看不到明顯分別。而且，不管圓桃或尖桃，都一樣具有吉祥、長壽的意涵。若以圖像學的角度來看，圓桃較接近真實桃子的造形；而尖桃的視覺效果較強，底部大多雕有「壽」字，以方便識別。

◎出處：宜蘭餅發明館

這支為薄板、單面雕的粿模，刻有四種圖案，分別是桃（左上）、石榴（右上）、佛手（左下）、龜（右下），可以一次印製四種粿，相當實用。除了獨具造形之美，石榴、佛手與桃三種瓜果組合在一起，又有「多子、多福、多壽」的三多意涵，吉祥味濃厚。

◎出處：世奇餅店

這支為磚燒的粿模，呈現質樸的磚紅色澤，圖案為一外加框的圓桃，連枝帶葉的大桃子裡刻有朵朵盛開的桃花，顯現出春來喜氣，也有「多產」的意涵。但由於材質過於厚重，加之製作粿品時需抹上較多的油量，且又容易斷裂，因此這種磚燒的粿模數量少，現已不多見。

糖塔模

在以前物資缺乏的年代，糖塔是難得的糖食，也是祭祀中一項很重要的供品。糖塔模的組合方式，有二片、三片、四片、六片，組成長柱體、圓柱體或六角柱體的塔模；製作時，再以糖漿灌入木模內，待其冷卻後取出，即成為立體圖形的糖塔。

由於糖塔多用於祭拜，為讓糖塔便於站立，糖塔模多做成上窄下寬的形式，且大部分圖案都刻有底座，以利擺在桌面上當成供品。

糖塔模常見的圖案，有寶塔、龍鳳、瑞獅、公雞、仙鶴、仙鹿、仙佛等，依照使用場合的不同而有區別。例如：寶塔紋為糖塔印模中使用最多的圖案，與龍鳳、瑞獅搭配，常用於拜天公或神明誕辰，以祈求吉祥賜福；仙鶴、仙鹿常用於祝壽；龍鳳與公雞則多用於婚嫁，具有甜甜蜜蜜、永浴愛河之意。此外，公雞另可運用在新居落成酬神時，有「起家」的意涵。

根據學者的調查發現，在一九四〇年代以前，糖塔的高度較高、模子較大，之後則越低、越小。此一現象的改變，與敬神文化的式微息息相關。現在想要一窺糖塔文化，非得等到廟會慶典才能瞧見，因此會印製糖塔的師傅也日漸凋零；再加上糖塔模子常經高溫使用，無法長久保存，使得精緻高大的糖塔印模因數量稀少，而顯得更為珍貴。

✽內為六角、外為圓形尖頂的糖塔模。（攝於三義的世奇餅店）

✽將糖注入木模中，冷卻取出就成為糖塔了。

✽使用後的糖塔印模，必須放在清水中保存，以防止變形。

✱淡水三協成糕餅博物館中可見各式印模的展示，圖右為一對鳳紋糖塔模。

✱郭元益糕餅博物館所展示的神桌供品，最上面即是糖塔。

寶塔紋

寶塔紋上的寶塔皆以單數層出現，常見有「七層塔」、「九層塔」。由於每層塔樓的紋路較細、容易斷裂，所以此類糖塔木模是由六片組合而成，以期在拆模時可以保持寶塔的完整性；為此，特地在模具上刻有順序印記，以免拼錯了造成糖塔「走形」。

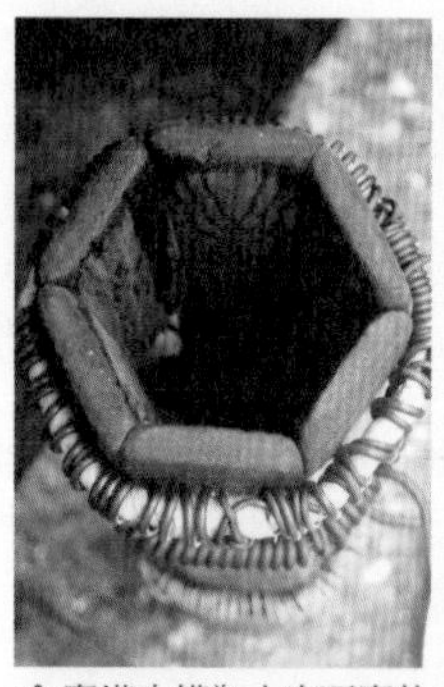

✽寶塔木模為上窄下寬的六角錐體，上下以籐圈固定住，糖漿再從下面缺口灌入。

✽木片上刻有順序記號，防止拼錯。

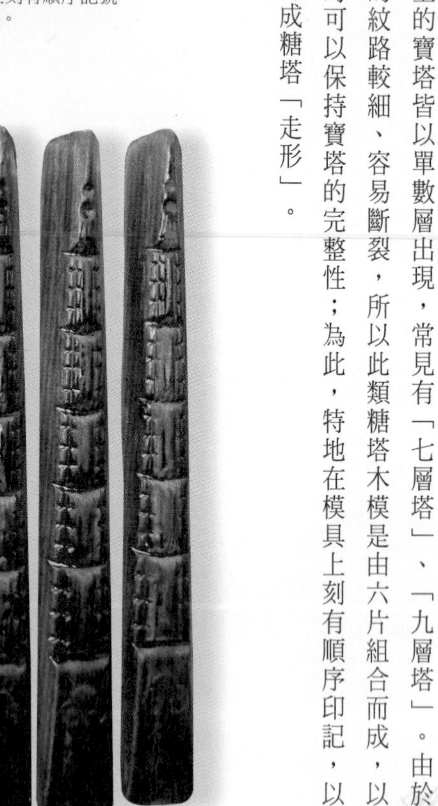

◎出處：永珍香西餅店

這種以六片木板組合而成的糖塔模，上面刻的九層寶塔，被視為最崇高境界，有「登高上天」之意，象徵著可以把民間的祈求上達天聽。最下層的底座還刻有山與雲朵的圖案，以營造出有如仙境一般的意境。

龍鳳紋

早期結婚喜慶時，也常印製龍鳳糖塔來祝賀，寓意成雙成對。拜天公時，龍鳳與寶塔則一起組成三秀糖塔（詳見第一六〇頁說明）來祭拜。此類龍鳳模子為三片一組，一片刻上龍紋，一片刻上鳳紋；中間板子最厚，在正反兩面分別刻上龍與鳳紋，拼起來成為上窄下寬的長條體，可以一次印製一對龍鳳造形的糖塔。

◎出處：永珍香西餅店

此為三片組合的龍鳳糖塔木模，龍鳳造形優雅而生動。仔細觀看木模上的圖案，可發現龍鳳造形栩栩如生，尾巴優雅的往上翹起，姿態之美，不愧為帝王與帝后之相；且龍鳳圖紋下面皆刻有底座，可方便當成供品擺放。

✱龍鳳糖塔模為上窄下寬的長柱體。

第三篇

老師傅示範木模操作

老師傅親自示範、詳細解說：如何使用木模製作十五道餅、糕、粿和糖塔，重現經典的傳統糕餅美味。

餅

許慎在《說文解字》中，把以麥粉為原料的麵食統稱為「餅」：

「餅，麵餈也」，「麵，麥屑末也」。

東漢劉熙所寫的《釋名》，是一本名詞解釋全書，

在〈釋飲食〉篇章中，說明了餅的做法必須先以麵粉與水調和，

並指出各種餅的名稱皆隨其形而命名：

「餅，幷也，溲麵使合幷也。

胡餅，作之大漫沍也，亦言以胡麻著上也。

蒸餅、湯餅、蝎餅、髓餅、金餅、索餅之屬，皆隨形而名之也。」

和生鳳梨喜餅

和生餅皮是台灣獨具特色的餅皮之一，
其重點是必須先調製糖漿，才與麵粉相和做成餅皮；
而以和生餅皮搭配鳳梨內餡，可說是傳統訂婚喜餅中常見的口味。
古早的鳳梨餅，內餡纖維粗、酸度高又易塞牙縫，
今多以鳳梨冬瓜醬取代，百分之四十鳳梨醬搭配百分之六十冬瓜醬，
不僅改善易黏牙的缺點，又具有鳳梨餅偏酸的口感。

什麼是「和生餅」？

和生餅最大的特色，在於其餅皮的製作。依餅皮的做法而言，和生餅皮可說是中國北方「提漿月餅皮」與日式「饅頭皮」的融合，兼具移民與殖民色彩，是台灣獨具特色的餅皮之一。

在大陸作家由國慶《追憶甜蜜時光：中國糕點話舊》（二〇〇五，百花文藝）一書裡提到，從小到大讓他印象最深的兩樣糕點，一是薩其瑪，再來就是月餅，「這麼多年吃來想去的，還是覺得兒時吃過的提漿月餅、百果月餅要比現如今的蛋黃月餅……更香甜，更能讓人回味。」他指出，文中所提到的提漿月餅，就是中國京式糕點的特色，其做法是在加工製作前必須先調製糖漿，過濾糖漿中的雜質後，才與麵粉相和做成餅皮；而這道提煉糖漿的功夫，就稱為「提漿」。

這種提煉糖漿的餅皮做法，隨著唐山移民來到了台灣；由於「提漿」又俗稱「清漿」，因此台灣人普遍以「清仔」（台語）稱之，而將「提漿餅皮」稱呼為「清仔皮」。

台灣糕餅製作除了受到中國的影響，日治時期也引進了和菓子與洋菓子的做法。日式饅頭皮不加糖漿，但卻多了股蛋香，餅皮吃起來香甜鬆軟，兩者綜合而誕生了和生餅皮，不僅改善原本傳統餅皮的乾硬，還多了蛋液的香氣。我們常可在訂婚喜餅內發現和生餅的蹤影，如圓形的大禮餅以及狀元餅；而在六個裝的盒仔餅裡，也經常可見油酥餅皮與和生餅皮並列。

「和生」二字的由來

關於和生餅皮的做法與名稱由來，有不同的說法。

根據老永春餅店老闆周永興引述他父親的說法：「和生餅皮是由萬華一家名為『和生』的餅店所研發的，因為廣式皮較油，所以引發了改良的動機。」而另一說法，則是來自於淡水的三協

✽和生餅是台灣具有本土特色的糕餅。

成餅店，據老闆李志仁表示，「和生餅」的名稱是他父親所取，他指出：「所謂和生皮，是日本『和』菓子、『生』菓子、『餅』三項第一個字的縮寫。」

究竟「和生」二字的由來為何？是先有店才有餅，還是先有餅再有店，由於和生餅店已結束營業多年，真相無從可考；而以前的人是否真有那麼多文采，懂得將文字排列組合，也引發他人質疑。然而，不管何者為對，和生餅加入了日式做法是無庸置疑的，而這項餅皮的改良也應該是在日治時期以後，所以名稱才有那濃濃的東洋味。

和生與廣式餅皮的不同

和生餅皮與廣式餅皮雖然看起來很像，但在專業的烘焙師眼裡，兩者不僅原料、做法不同，連餅皮的色澤也不一樣。

其中最大的不同點，在於廣式皮加的是水果糖漿（如鳳梨、檸檬等）、不加蛋；而和生餅皮卻用的是一般砂糖與麥芽糖，且加入蛋液，因此吃起來，一個具有水果風味，一個則是滿口蛋香。

至於皮與餡的比例，廣式餅為一比四，和生餅為二比三，因此廣式餅皮薄、餡多、油重；而和生餅則因皮較厚，所以回軟的速度較慢，約第二天過後，內餡的油脂才會釋放出來，也是餅最好吃的時候。

✽和生餅皮較厚，色澤也因加了蛋液而較黃。

和生 鳳梨喜餅

每個10兩=375g（十五個）

【餅皮】

低筋麵粉 --------------------1000g
轉化糖漿----------------------750g
奶油 ---------------------------300g
奶粉----------------------------80g
蛋黃 ---------------------------120g
小蘇打--------------------------5g
泡打粉--------------------------4g
鹽-------------------------------10g
鹼水----------------------------10cc

【內餡】

鳳梨醬-----------------------1350g
冬瓜醬-----------------------2025g

餅皮

1. 先將低筋麵粉與奶粉過篩，以避免顆粒過大影響口感。

2. 將過篩好的低筋麵粉與奶粉倒入桌面，做個粉牆。（如果製作的量大，可以使用攪拌機以慢速攪拌餡料）

3. 陸續將奶油、小蘇打、泡打粉、鹼水、鹽等材料加入粉牆內，一一攪拌均勻。

4. 再倒入配方中的蛋黃，均勻攪拌。

5. 最後把轉化糖漿加入。切記：必須充分將糖漿與蛋黃、奶油攪拌均勻之後，才可以拌入麵粉，否則會不均勻。

6. 依照反覆對折揉捻的動作，將麵粉與其他材料和勻。

7. 最後形成質地細緻的麵糰，即完成餅皮製作。蓋上保鮮膜靜置三十分鐘，使麵糰安定，等會兒操作較不黏手。（如果製作的量大，可將以上步驟先做起來，隔天再加麵粉即可。）然後，將餅皮依照皮與餡二：三的比例，取出一個個150公克麵糰備用。

轉化糖漿的製作

製作和生餅皮前，必須先調煮好糖漿。其糖漿的原料為赤砂糖800g、黃麥芽糖200g、水660cc，想要風味好可再加入些許黑糖100g，以中火煮至溫度107℃即可，煮得越濃稠，糖度越高。黃福壽師傅提醒，不要買水麥芽來製作，因為水麥芽呈透明狀，不適合煮糖漿。另外，如果懶得煮，想以市面上的轉化糖漿替代也可以，只不過濃度較稀，做出來的餅，顏色會比較不漂亮。

1

2

3

4

5

6

7

鹼水的功用

餅皮材料內的鹼水，其功能是用來綜合餅皮的PH酸鹼質。黃福壽師傅提到，像是提漿餅皮之類的，如和生餅皮、廣式餅皮等，因為糖漿經過轉化之後酸度會偏高，為了讓餅皮安定以及烘烤後顏色漂亮、呈現褐黃色澤，所以才要加鹼水。

鹼水的調和配方為：開水1000cc、食用鹼粉250g、小蘇打10g，調勻冷卻後即可使用，千萬不要買工業用的鹼粉。

包餡

1. 由於要呈現古早微酸口味的鳳梨餅，所以鳳梨醬與冬瓜醬的比例約為四：六，可用現成的餡料按比例取出所需的重量。

2. 再將抓好比例的鳳梨醬與冬瓜醬放入攪拌機中，慢速均勻攪拌後，捏成每顆225公克圓球待用。

3. 將150公克麵糰搓圓壓平、整形後，包入步驟2.的鳳梨冬瓜內餡。記得：餅皮與內餡的軟硬度要相當，口感才會好；如果餅皮的麵糰稍軟，可以再加一點麵粉進去。

4. 包餡料時，要以旋轉壓入的方式，一邊繞圈、一邊輕輕將餡料與餅皮捏合收整，否則外皮容易破裂。

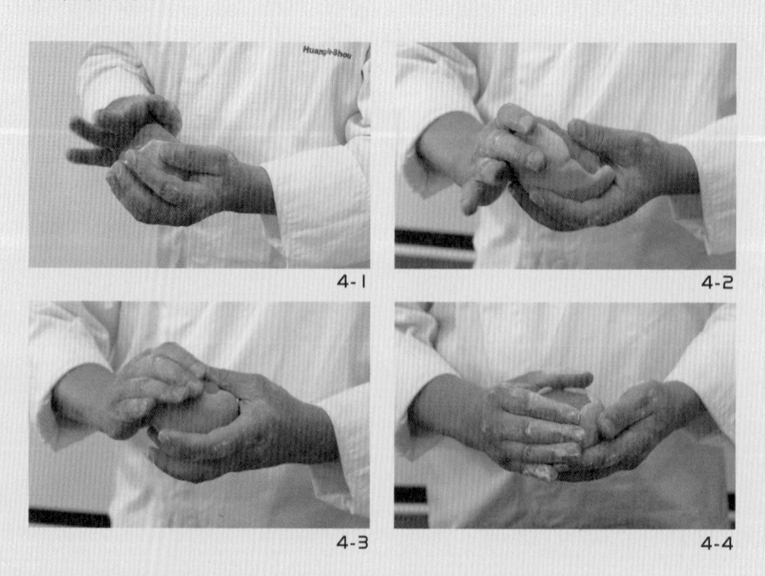

4-1 4-2 4-3 4-4

木模操作

1

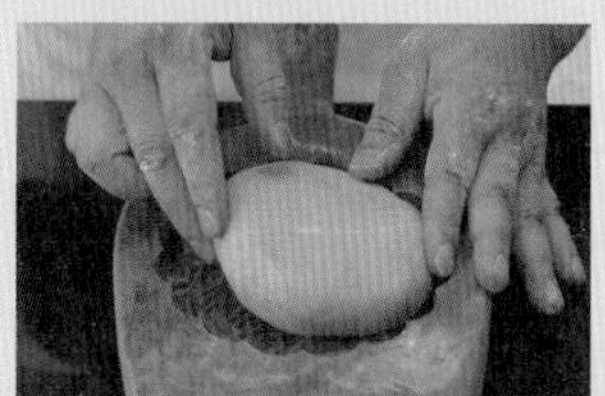
2-1

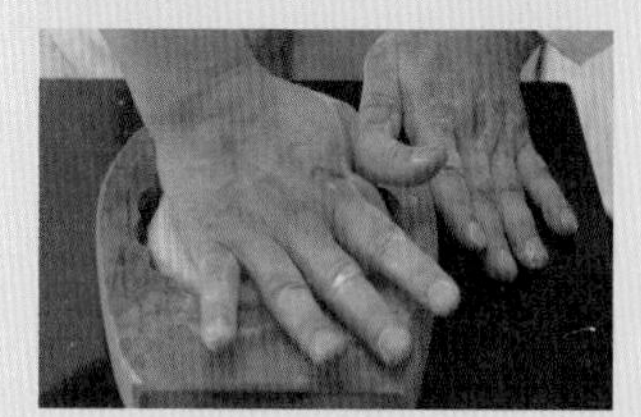
2-2

1. 取出10兩重的喜餅餅模，先在上面灑上少許的麵粉，以免沾黏。

2. 將包好的和生鳳梨餅略壓平，放入木模內，身體略往前傾、以掌心先從中間往下擠壓，再依順時針方向，由中心點向外沿著邊緣壓平，使皮與內餡可平均分配於模具內。

3. 確實壓整後，將模具左右、上下各輕敲桌面一下，使空氣進入以利脫模，再將餅模向下，小心取出餅即可。

4. 最後，在餅皮上均勻塗抹蛋液，可以略加點醬油增加風味。蛋液只需塗上薄薄一層即可，若塗太厚則烤出來的餅皮顏色會太深，或使紋路模糊，這時可以加一點奶水稀釋。

5. 送進烤箱烘烤，約上下火200℃烤二十分鐘，即香噴噴出爐。

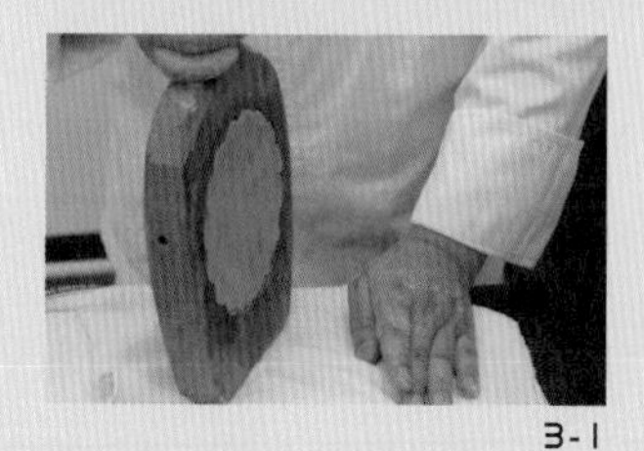
3-1

3-2

✻完成品：切開之後，可清楚看見皮與餡的完美二：三比例。

壓模的技巧

按壓木模時，最好將手指併攏、虎口張開，手掌用力將指頭翹起，以掌心往下按壓餅餡，切記力道要平穩，否則有些餡料（如包有蛋黃時）就無法平均分配在正中間。另外，脫模時最好在桌面鋪一層濕抹布，以免因直接在桌面重敲產生振力，而使餅變形。

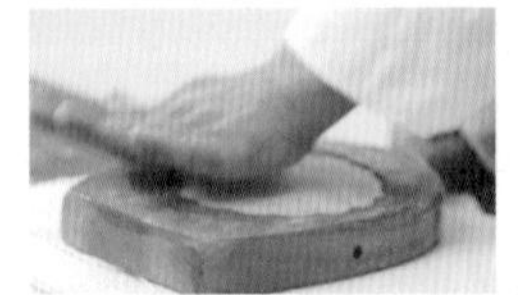

✻和生餅皮烘烤後呈現黃褐色澤。

黃福壽師傅——糕餅業的一頁傳奇

黃福壽師傅一九五四年生，在台北喜來登大飯店擔任點心房主廚的三十年歲月中（一九七九—二〇一〇），其精湛的西式點心造詣屢獲國際大獎，為喜來登寫下多頁傳奇；而早期在義美所打下的傳統中式烘焙基礎，更加深了他在烘焙領域的實力。目前黃師傅不僅受聘各學校擔任食品烘焙講師，也是國內外重大比賽暨二〇一一、二〇一二年台北鳳梨酥文化節&月餅比賽的裁判長。

黃師傅指出，他以前每年為飯店製作的月餅都使用木模敲製，原因是手感好，不過他使用的木模大都來自香港。「由於台灣雕刻師傅的刀法角度較斜，雖然刻出來的圖案較為立體，但是一經烘烤就容易倒塌；另一方面，香港用的木頭是梨花木，質地硬，因應每年中秋每天要敲一萬顆月餅的使用量，用久了也不會有木屑脫落，所以我偏好到香港九龍雕刻木模。」

不過，談到台灣和香港木模兩者的圖案差別，黃師傅則說：「香港的圖案比較粗獷，不似台灣的細膩。」

「如何提升中式漢餅的末端價值」一直是黃師傅思索的問題。他認為應該在做法、口感、造形上追求精緻化，使消費者願意多花點錢，而不是在原料漲跌上作文章。他以鳳梨酥為例，在市場尚未重視鳳梨酥之前，做法與口感好幾十年都沒有改變，但是現在百家爭鳴，不僅造形多變、口感也好很多——這完全都是製程問題，以及是否有心要把餅做好而已。

因此，在本單元介紹的和生餅做法，黃師傅十分重視每一步驟與細節，為的就是讓中式漢餅的口感更上一層樓、提升為伴手禮而努力。

黃福壽師傅

現職：
南僑化工烘焙事業部門技術首席顧問
實踐大學餐飲管理系兼任技職副教授

和生XO蓮蓉蛋黃小月餅

和生餅皮經常被運用在訂婚喜餅中，常見為一斤、十二兩重，雲林北港地區還有做到三斤大的餅。

至於月餅，則以台式的油皮為多（如綠豆椪），或是港式薄薄的餅皮，今年不妨試試看和生餅皮做成的小月餅，搭配港式口味的XO醬，混搭的組合、高貴的食材、鮮美的滋味，給你味蕾不一樣的感受。

跟著做 Step by Step

和生XO 蓮蓉蛋黃小月餅

示範製作：黃福壽師傅

材料

每個1.7兩=65g（十八個）

【餅皮】

低筋麵粉--------------------100g
轉化糖漿 ---------------------75g
奶油---------------------------30g
奶粉 ----------------------------8g
蛋黃---------------------------12g
小蘇打 ----------------------0.5g
泡打粉 ----------------------0.4g
鹽 ------------------------------1g
鹼水 ---------------------------1cc

【內餡】

蓮子泥 ----------------------415g
糖----------------------------180g
麥芽---------------------------28g
XO醬 ------------------------194g
花生油 -----------------------69g
蛋黃 --------------------------9顆

老師傅的話

傳統和生餅在重量上常見的是8兩、10兩和12兩，內餡則以鳳梨、豆沙為主要口味，皮與餡的比例為二：三，因此整體的口感不會太甜；且為方便包裝存放（早期以婚慶送禮為主），所以提高餅皮的比例。但XO小和生餅因內餡的甜度不高，為讓內餡的風味更加明確，在此示範製作的便提高餡料的比例（皮12g、餡40g、鹹蛋黃半顆13g），皮餡比約為一：四點四。

做法

【餅皮】

餅皮做法參考前一單元「和生鳳梨喜餅」，詳見p.94~95。

【包餡與木模操作】

1. 先將新鮮蓮子煮熟、研壓二次呈泥狀後，與糖、麥芽一起煮成蓮子餡，再將XO醬、花生油倒入攪拌，製成XO蓮蓉餡。

2. 將XO蓮蓉餡取出，每顆40公克，搓成圓球備用。

3. 將每個12公克麵糰搓圓壓平、整形後，包入XO蓮蓉餡及半顆鹹蛋黃。包餡料時，要以旋轉壓入的方式，一邊繞圈、一邊輕輕將餡料與餅皮捏合收整。

4. 放於月餅模中壓實、敲模取出。由於月餅體積小，只要左右各敲一次讓空氣進入，就可向下覆模取出。

5. 最後，在餅皮上均勻塗抹蛋液，就可送進烤箱烘烤，約上下火200℃烤十七分鐘。

老師傅的話

此材料中的XO醬，若沒時間煮，也可以買市面上販售的成品替代，但要注意干貝的纖維粗細；不可以太細，口感才會好。另外，材料中的花生油也可以用沙拉油取代，但風味較淡；麻油則會搶過蓮子的風味，不建議使用。

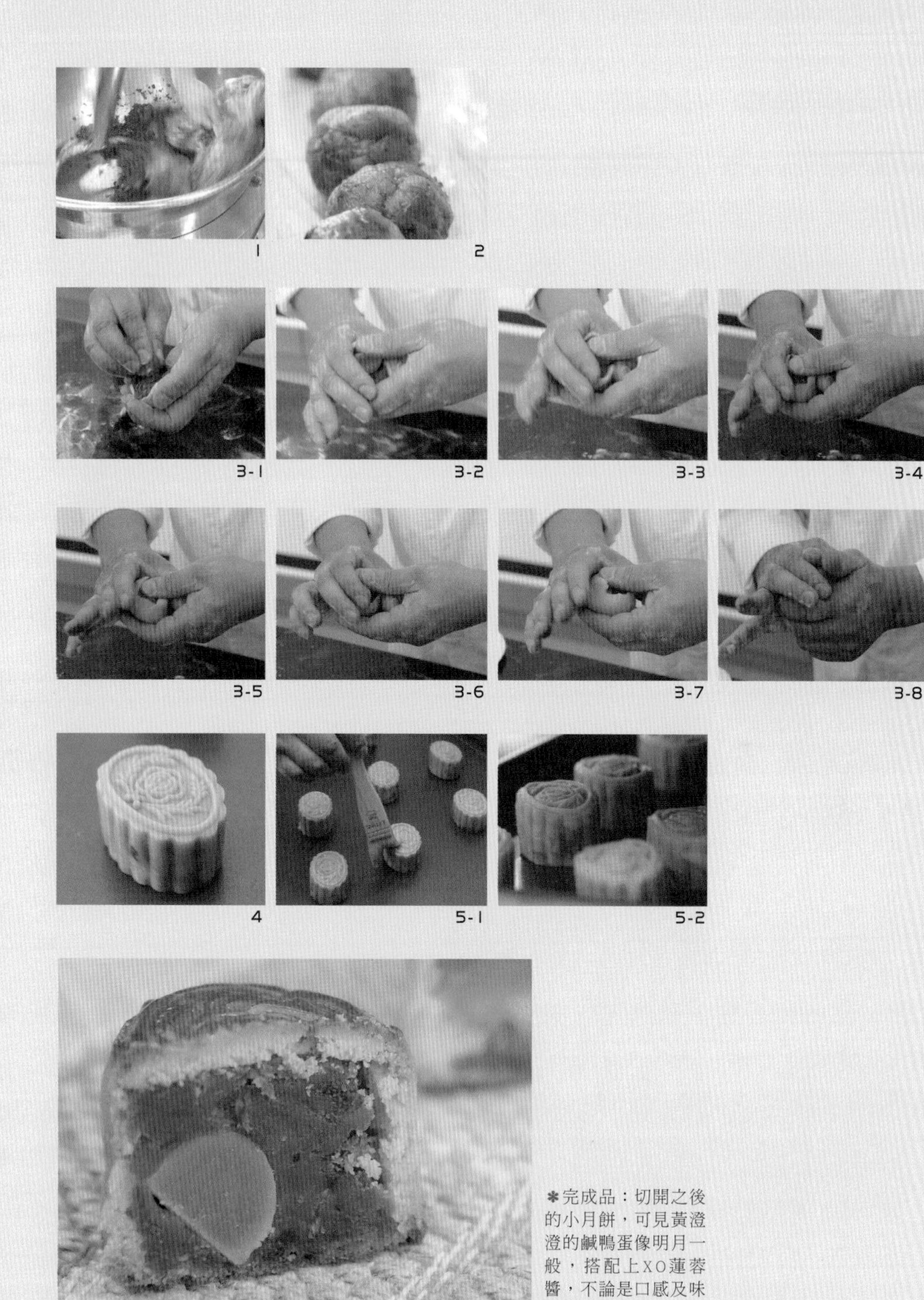

✽完成品：切開之後的小月餅，可見黃澄澄的鹹鴨蛋像明月一般，搭配上XO蓮蓉醬，不論是口感及味道都十分美味。

廣式伍仁月餅

廣式月餅具有皮薄、餡多、含油量高的特點，吃起來口感鬆軟、細滑；餅皮表面油亮光滑、圖案玲瓏浮凸，常見以蓮蓉、棗泥、豆沙、蛋黃、水果和各種肉品為餡料。其中，含有五種果仁的伍仁月餅，不僅顏色多彩，且富高纖、不油膩，尤適合注重養生又講求口感的現代人；鬆軟的餅皮搭配鬆緊有致的伍仁內餡，滋味十足，讓人有意想不到的美好味覺感受。

伍仁營養價值高

伍仁月餅起源於廣東一帶，是指以杏仁、白瓜子、松子、白芝麻、核桃五種果仁，再加上冬瓜條、桔餅、葡萄乾等材料，調製而成的「伍仁餡」；為了讓伍仁月餅的味道更為豐富，也會加入火腿、叉燒或百果，做成伍仁金腿、伍仁百果月餅。

伍仁月餅好吃的祕訣，是須嚴選顆粒大而完整的原料，且一種果仁都不能少，因為五種果仁各有特色，如松子鬆軟、核桃細滑、杏仁香脆、白瓜子有嚼勁以及芝麻具有香氣，一口咬下去顆粒分明，才能形成鬆緊有致的完美口感。如果伍仁不全、比例不對，甚至原料不新鮮，都會影響到伍仁月餅的品質。

根據研究，堅果類含有豐富的不飽和脂肪酸，對防止動脈硬化很有助益；並且內含礦物質及維生素B群，不僅有利於提高免疫力，也能幫助體內代謝。此外，從中醫的角度來看，這些食品屬性多為溫、平，具有強心、鎮靜、安神的作用，一些種子更因富含維生素E，還有抗衰老、滋潤皮膚、滋生黑髮的功效。

如果怕月餅油多、糖多，吃多了會膽固醇過高，對身體負荷大，不妨試試具有高纖、營養價值高、且不油膩的伍仁月餅。豐富的伍仁內餡，搭配皮薄柔軟、色澤金黃的廣式餅皮，皮與餡一比四的黃金比例，讓味蕾有意想不到的美好感受！

✽伍仁月餅是有健康概念的餅。

✽多樣的堅果仁與果乾是伍仁月餅的特色。

跟著做 Step by Step

廣式伍仁月餅

示範製作：吳懷陵師傅

材料

每個5兩=187g（五個）

【餅皮】

低筋麵粉--------------------100g
水果糖漿---------------------30g
花生油-----------------------70g
鹼水--------------------------5cc

【內餡】

瓜仁--------------------------60g
杏仁--------------------------60g
松子仁-----------------------60g
芝麻仁-----------------------60g
核桃仁-----------------------60g
桔餅--------------------------60g
葡萄乾-----------------------60g
冬瓜條----------------------150g
麻油-------------------------30g
糕粉（熟糯米粉）--------30g
肥豬油----------------------30g
高粱酒----------------------45g
水----------------------------30g
鹽---------------------------少許

餅 皮

1

1. 將過篩好的低筋麵粉倒入桌面，做個粉牆。

2. 陸續將花生油、水果糖漿、鹼水等材料加入粉牆內，與麵粉充分混合均勻。

3. 反覆對折揉捻，直到質地成為細緻的麵糰為止。

2

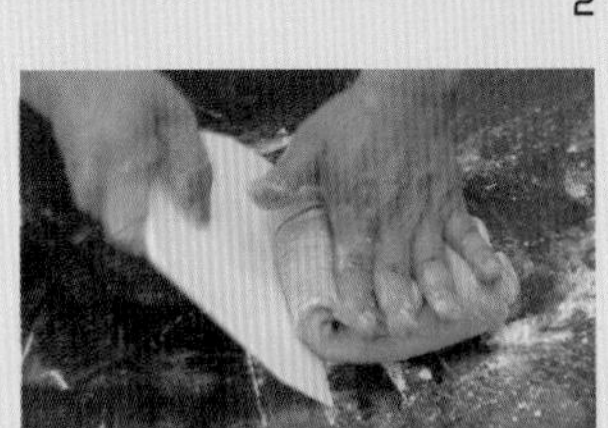

3-1

3-2

老師傅的話

廣式餅皮的做法與和生餅皮相似，請參考前一單元「和生鳳梨喜餅」，詳見p.94~95。

兩者最大的不同，在於配方成份的差異。廣式餅皮加入的是水果糖漿，由蘋果、水果乾、橘子皮、棗子等熬煮一天而成，並且不加蛋；油品上，廣式餅皮用的是上等花生油，而非奶油，油量也較多。

包餡

1. 將瓜仁、杏仁、松子仁、芝麻仁、核桃仁、桔餅、葡萄乾、冬瓜條共八種配料，一一倒入，再加入麻油、肥豬油、高粱酒、鹽等混合均勻。

2. 將水與糕粉分次加入和勻，使餡料濕潤具有黏稠性。

3. 抓取約150公克內餡，用力捏緊、整形成圓球狀。

4. 取出約37公克麵糰搓圓壓平、整形後，包入約150公克伍仁內餡。包餡時，記得一邊繞圈、一邊將餅皮捏合收整。

老師傅的話

為了口感及配色好看，除了所準備的八種材料，吳懷陵師傅說還可以再加上杏桃乾、鳳梨乾、蔓越莓乾及南瓜子等，加起來食材達十多種以上，讓顏色及口感更好。此外，他還叮嚀一定要用高粱酒，風味才佳；且肥豬油要一早到市場，買新鮮豬隻腹部的肥油打成泥狀，加上糕粉（熟糯米粉）的黏稠性，才會使各種果乾、堅果黏合在一起，製作時才不會鬆散無法聚合。

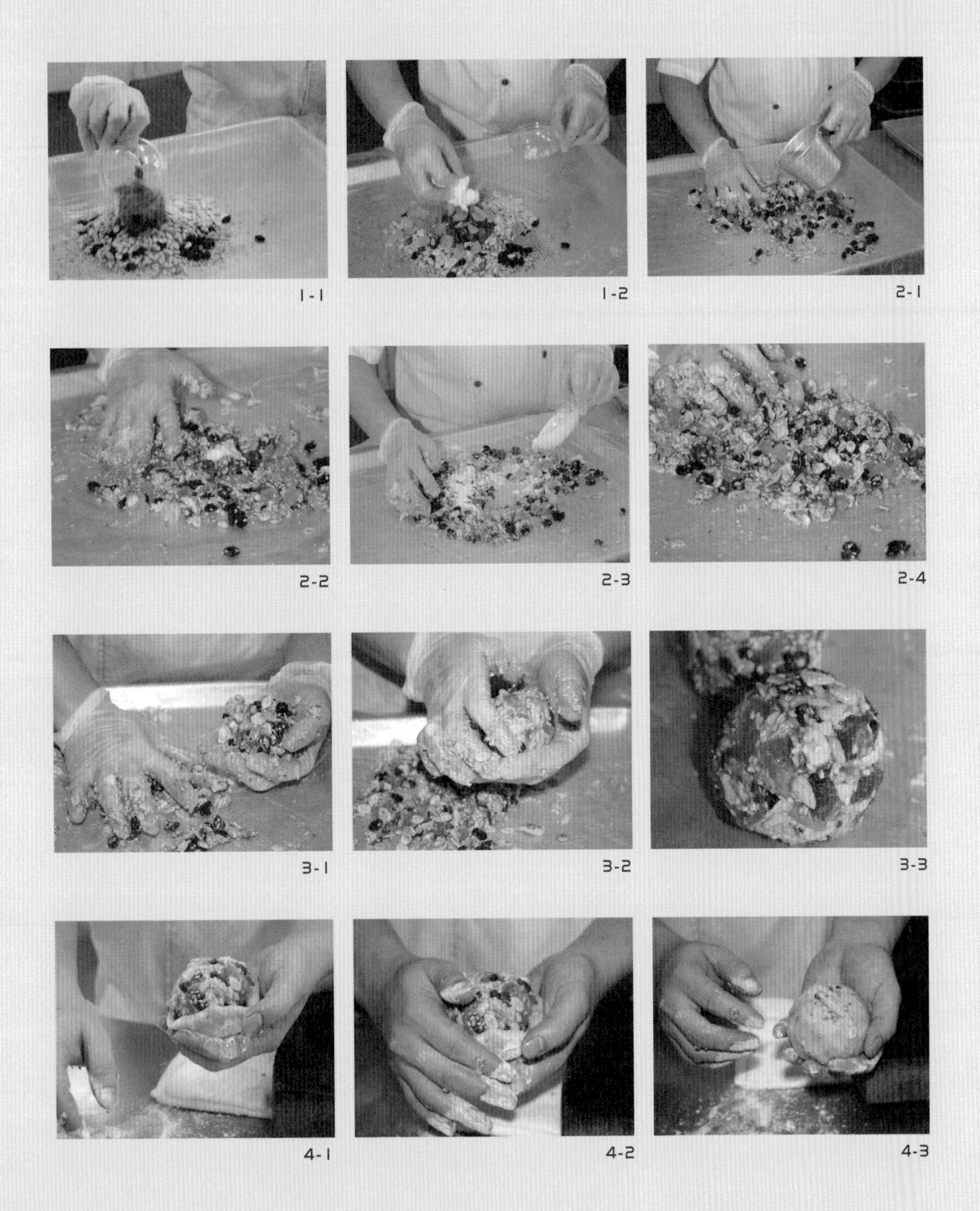
1-1 1-2 2-1
2-2 2-3 2-4
3-1 3-2 3-3
4-1 4-2 4-3

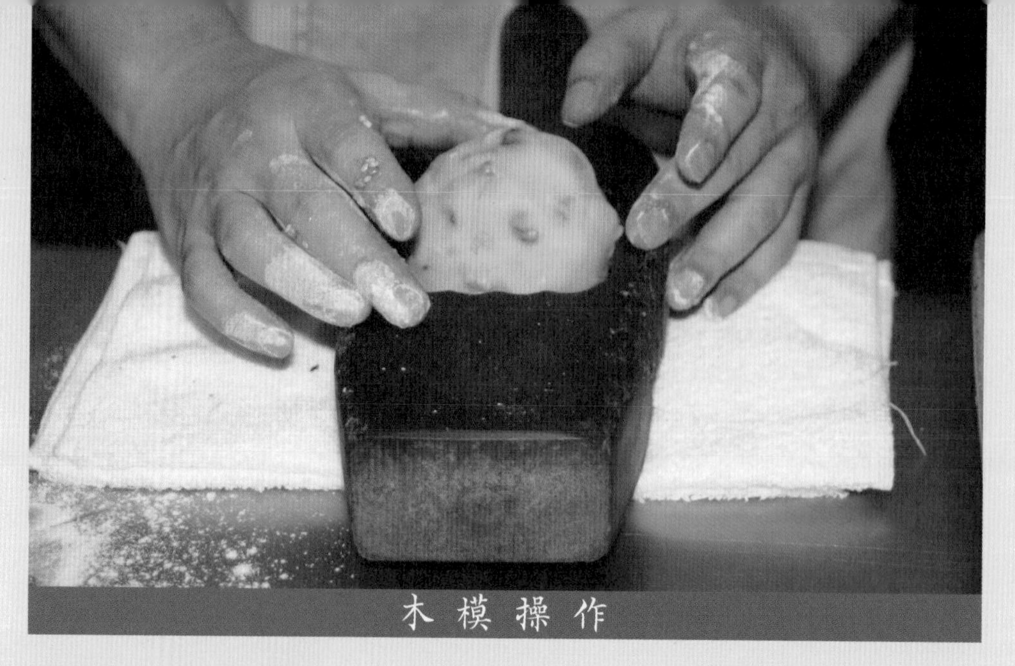

木模操作

1. 將包好餡的麵糰，收口朝上，放於方形的餅模中。

2. 以掌心將四個角落及中間均勻壓實。

3. 手執把柄，左右各敲模二次，即可覆模取出。餅模下可放條抹布，以增加摩擦力，免得滑動，也避免木模敲壞。

4. 最後，在餅皮上均勻塗抹蛋液，就可送進烤箱烘烤，以上下火200℃烤二十分鐘，即可出爐。

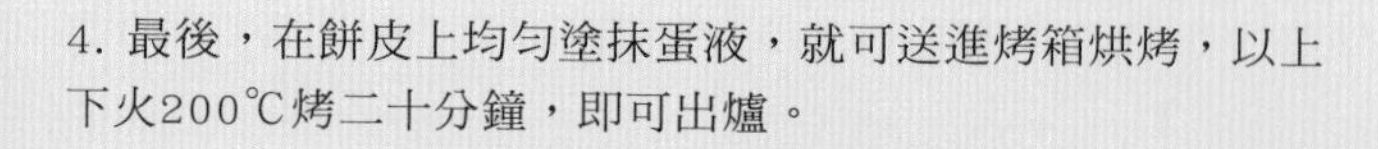

2

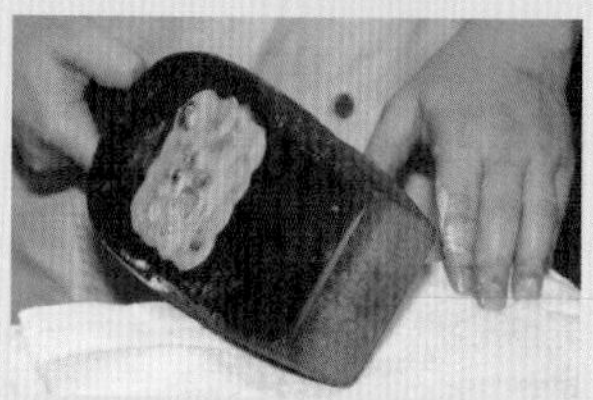

3-1

3-2

3-3

✽從壓模、敲模到覆模都要有好工夫，才能做出形狀完整、圖紋清晰的月餅。

老師傅特寫

吳懷陵師傅——敲模高手

吳懷陵師傅一九七三年生，雖仍正值壯年，但在福利麵包公司卻已有近二十年的老資歷。當他十六歲還在松山工農夜間部就讀時，白天即到福利工作，從學徒一路做起，直至十八歲才離開去當兵；二十二歲退伍後又重新回到福利，一做就做到現在。

提及學徒時的甘苦談，他說，當時不分中、西點，什麼都得學，但也因此練就了一身的好本領。

福利一兩半的廣式小月餅因生產量多，是以機器來輔助；而五兩重的廣式月餅，則延續傳統一顆顆敲製。所以，機器模和木模兩種模具，吳師傅都能熟練操作。雖然機器模的好處在於快速，但吳師傅覺得，手感好的木模，不僅用久了有感情，做出的產品更有踏實感。

在他印象中，木模從他進福利就用到現在，雖然因年代久遠稍有裂痕與脫屑，但並不至於影響到品質。而為了因應中秋的需求，一天往往要敲好幾千顆月餅，但經長久經驗的累積，吳師傅敲模的速度已快到約五秒鐘就可敲出一顆，可說是箇中高手。

吳懷陵師傅

現職：福利麵包公司點心部師傅

＊完成品：切開之後的伍仁月餅，可見裡頭豐富的果乾，顏色多彩、引人垂涎。

糕

「糕」一字，最早出現在漢代。
西漢揚雄的《方言》寫道：「餌謂之糕，或謂之粢。」
東漢許慎的《說文解字》也提到：「糕，餌屬。」
明代李時珍的《本草綱目》，則對糕有進一步的解釋：
「糕以黍、糯合粳米粉蒸成，狀如凝膏也。
單粳粉作者曰粢，米粉合豆末、糖、米蒸成者曰餌。」
總而言之，中式傳統的「糕」，是指將米磨成粉末、加工所製成的點心。

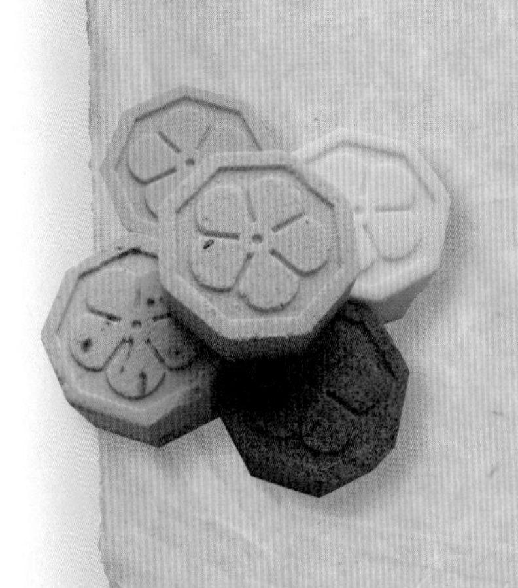

糕仔粒

「糕仔粒」是用糕仔做成碎金碎銀的銀兩造形，具有富貴的象徵，是早期過年必備的供品，也可當成茶點或零食。傳統做成紅、白二色代表金、銀，以討個吉祥。本單元示範製作，則加入了熟綠豆粉，顏色呈現淡淡的褐色，帶有綠豆清香。

吃甜甜，好過年

傳統農業社會時代，「春節」是一年當中最重要的節日，從正月初一到初五，神桌上總是擺放了各式供品，如發粿、年糕、椪柑以及三、五碟甜料等，以表喜慶，並插上「飯春花」（台語「春」與「剩」諧音），取其年年有餘。其中，甜料少不了冬瓜糖、寸棗、粩、生仁、紅棗以及糕仔粒等，組成「四甜」或「六甜」；在當時零食、糖果不普遍的年代裡，不僅是好彩頭的象徵，也可以當作招待客人的甜點。

除了春節以外，農曆十二月二十四日「送神」這一天，也有印製糕仔粒拜拜的習慣，目的是希望讓神明「吃甜甜」，回到天庭後在玉皇大帝面前說好話，讓來年一切可以順順利利。

而農曆正月初九玉皇大帝誕辰，俗稱「天公生」，其祭典在年節中可謂最為隆重，供桌分為「頂桌」與「下桌」；頂桌全為素食，下桌則不限葷素，準備有壽麵、十二碗菜碗與甜碗、十二個牽仔條（牽仔即是印有六、七個古銅錢一串圖案的長條狀供品，以粿或糕仔做成）、年糕等，至於甜品的準備，則和春節拜天公相去不遠，也會有糕仔粒這一樣。

✻過年喜氣洋洋的神桌。

✻寸棗和生仁是過年少不了的甜品。

年節應景小點心

糕仔粒，又稱為「金棗」，傳統是以熟蓬萊粉摻糖後壓模所製成，分有紅、白二色。一件糕仔粒木模，依照大小不同，可以印製出二十至四十多個糕仔粒，每個直徑僅約二至三公分而已，粒粒嬌小、相當可愛，並同時擁有梅花、菊花、圓錢、桃形、扇形等不同造形，上面再綴以花草紋飾；在這麼小的面積上變化花樣，實在是考驗雕刻師傅的功力。

這種傳統應景的小點心，不僅美觀又有招財的吉祥意義，曾陪伴不少家庭走過長長的傳統歲月，但可惜的是，現今因零食點心選擇性多，加之印製糕仔粒麻煩，現代家庭過年過節多買現成的糖果、餅乾取代，讓具有民俗意涵的糕仔粒消失在我們的生活中了。

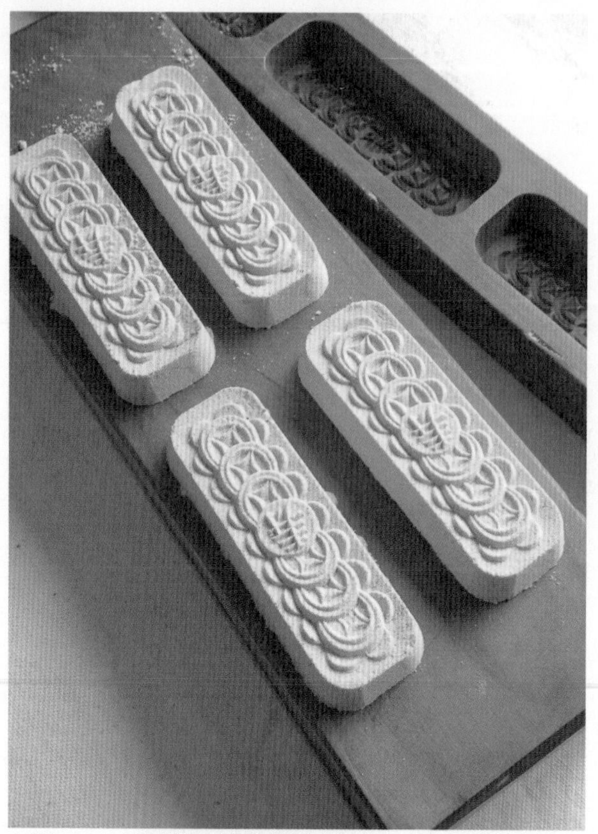

✽印有六、七個古銅錢一串圖案的牽仔糕，是正月初九拜天公的供品。

✽糕仔粒是過年應景的小點心。

跟著做 Step by Step

示範製作：林賢良師傅

糕仔粒

材料

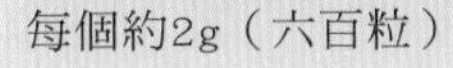

每個約2g（六百粒）

糕仔糖------------------------600g
熟蓬萊米粉------------------200g
熟糯米粉 --------------------200g
熟綠豆粉 --------------------200g

糕仔糖的製作

製作糕仔之前，必須先調煮好「糕仔糖」，原料為糖粉、麥芽糖、水，其比例約為七：一：二。做法是先將麥芽糖與水放入鍋內，開火調勻，再加入糖粉攪拌溶解為止；煮好後放涼，靜置十天會呈現白色濃稠狀，因裡頭含有麥芽糖成份，所以糕仔粉才會聚合在一起。如果是直接以糖粉製作，不僅口感會「沙沙」的，糕仔粉也無法黏聚。

建議糕仔糖一次可以做多一點，待要製作糕仔時便可以直接使用。而所謂的「糖粉」，是指經代工業處理好的細砂糖粉，用來製作糕仔更加方便省時。不過，林賢良老師傅提醒：要買純的糖粉，不能摻粉的，否則糕仔會做不起來。

糕仔粉

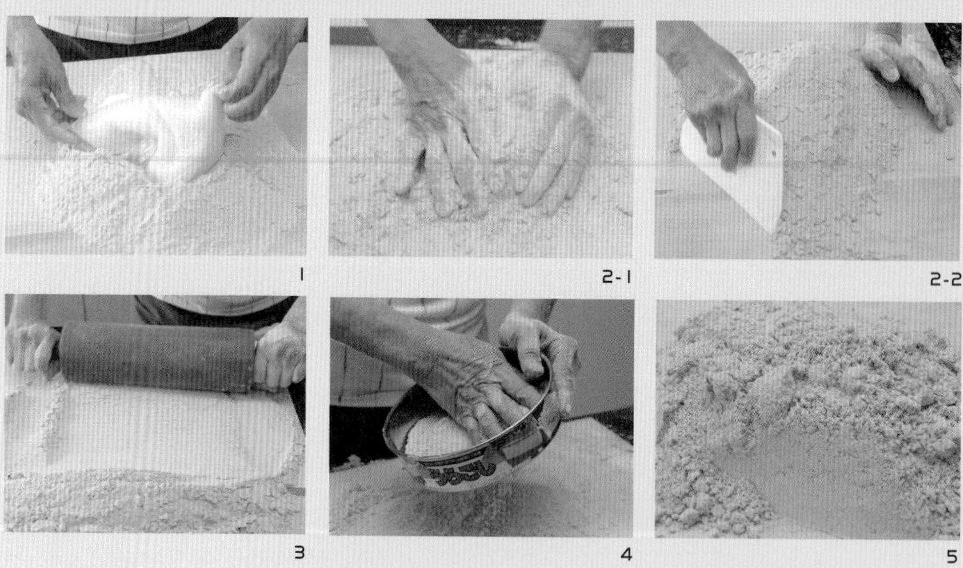

1. 先將熟的蓬萊米粉、糯米粉與熟綠豆粉充分混合，再加入呈白色黏稠狀的糕仔糖。

2. 將熟的蓬萊米粉、糯米粉、綠豆粉與糕仔糖充分揉搓，使其黏合。

3. 把拌好的糕仔粉集中，利用擀麵棍反覆來回將粉末碾得更細碎。

4. 利用篩子過篩，去除較大顆粒。過篩愈多次、口感愈好。

5. 當糕仔粉呈現為更加細緻的粉末時，就可準備木模壓印圖案了。

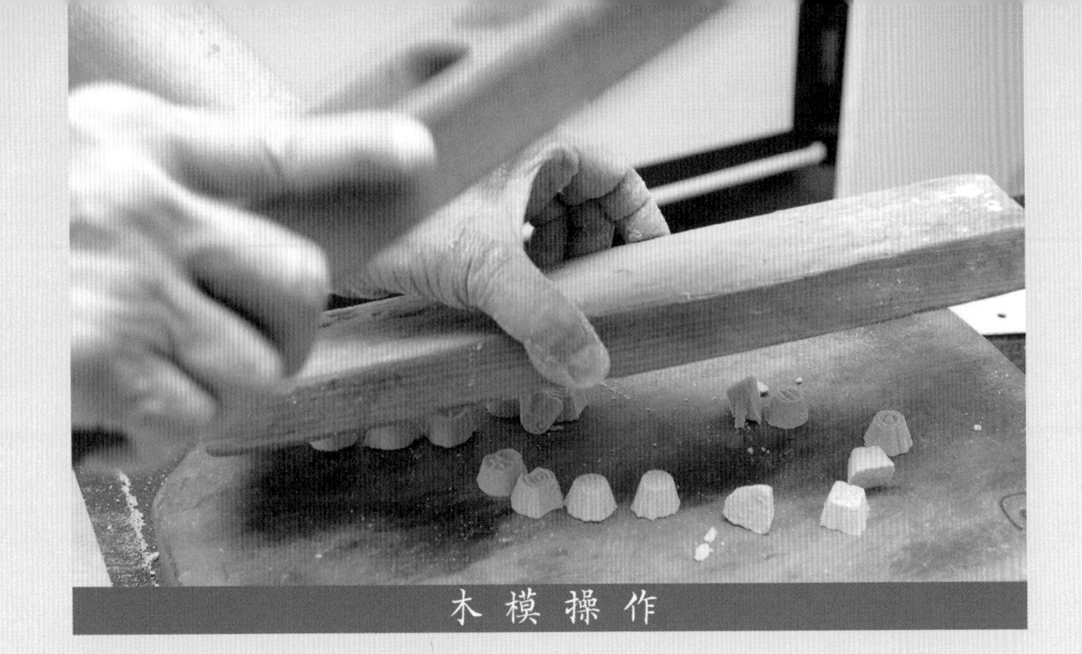

木模操作

1. 舀起糕仔粉，逐一平鋪在糕仔粒木模上。

2. 用手抹平或利用刮刀，去除多餘的糕仔粉。

3. 以掌心向下壓，使糕仔粉緊密結實，以免敲出的糕仔不成形。

4. 確實壓實後，將糕仔粒木模拿起、翻面，取一木棍輕敲模具上方，一粒粒糕仔粒便脫模而出。

5. 可以直接食用，或放入蒸籠略炊蒸一下，口感會更Q、不易粉碎，較好就口。

壓模技巧

此糕仔粒木模為一長條單面雕刻的無柄木模，刻有三排、每排十二粒的圖形，一次可以印製出三十六個糕仔粒。由於此木模無柄，操作時必須手執木模握起，再覆模敲出，因此要特別注意力道的運用，迷你的糕仔粒才不會因震動過大而粉碎。

TIPS

老師傅的話

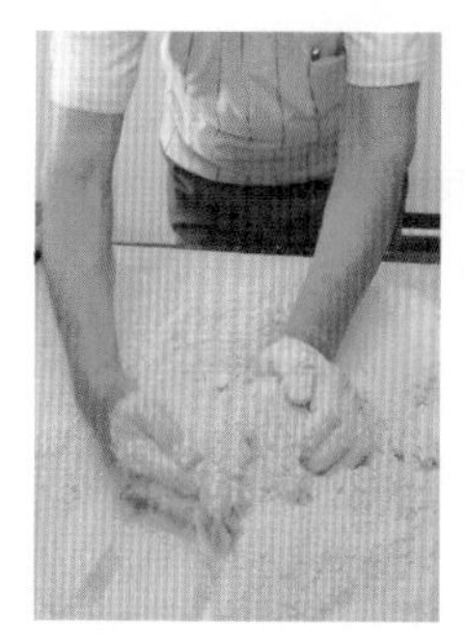

將熟蓬萊米粉、糯米粉、綠豆粉與糕仔糖混合，至少須以手反覆來回揉搓三次以上（最好六次），才會充分黏合在一起；如果是以機器攪拌，不但難以均勻，還會結成一粒粒小團，容易有顆粒感。而揉搓糕仔粉時，必須注意身體的姿勢與律動，「要臀部略翹起、上半身向前傾，才能使勁地將糕仔粉和配料緊密結合，做出真正入口即化的糕仔。」林賢良老師傅說。

✽完成品：嬌小的糕仔粒，每粒直徑不過二公分寬。

糕仔潤

「糕仔」以製作方式來說，概可分為二種：一種是未蒸煮過的糕仔，是將糕仔粉與糕仔糖揉拌均勻之後，直接以模子塑形而成，入口即化、香氣十足，由於甜度較高，常搭配清茶一起食用，作為休閒糕點；另一種是「糕仔潤」，則多了一道蒸煮的手續。兩者口感差別很大，前者糕仔吃起來入口綿密；後者糕仔潤則是Q彈、扎實，易有飽足感，口味大致分為綠豆（褐色）及油蔥（白色）兩種，經常被拿來當作農曆七月普度拜拜的供品。

經過炊蒸的糕仔潤，不易一碰就碎，也較耐存放，因此有時會成為早期政治或宗教宣傳的工具。例如：日治時期台灣總督府為配合日本慶典，製作刻有「日本太陽旗交錯＋祝字」圖案的糕仔潤，分送給學童吃；也有教會當成聖誕節前發贈給信徒的「聖誕糕」。台灣廟宇則請糕餅店印製「福壽糕」，於信眾參加拜斗或添香油錢時，發放給信眾吃平安；或是製作「糕仔龜」讓人擲筊乞龜，希望延年益壽。

另外，松山國小以前也在兒童節發送「兒童糕」，祭孔大典時有增長智慧的「智慧糕」……，這些都是以糕仔潤來製作，可見糕仔潤已跳脫純宗教的祭祀意義，以多元的造形與功能出現在我們生活周遭。

✽背上有「財子壽」三字的糕仔龜。

✽糕仔桃常用於祝賀神誕。

✽福壽糕上有「消災延壽、闔家平安」八字，吃了可以延年益壽。

彎糕潤

「彎糕潤」顧名思義，就是彎糕造形的糕仔潤。彎糕，因其造形彎彎的，有如宋、明朝以前古銀錠的外形；而「錠」與「定」同音，有「必定」的涵義，因此常用於中元普度與一般年節，希望能帶來財富與吉祥。「潤」字，則取台語形容「Q軟」的口感，因製作上多了一道炊蒸的手續，有別於入口即化的綿密糕仔。

彎糕潤

跟著做 Step by Step

示範製作：林賢良師傅

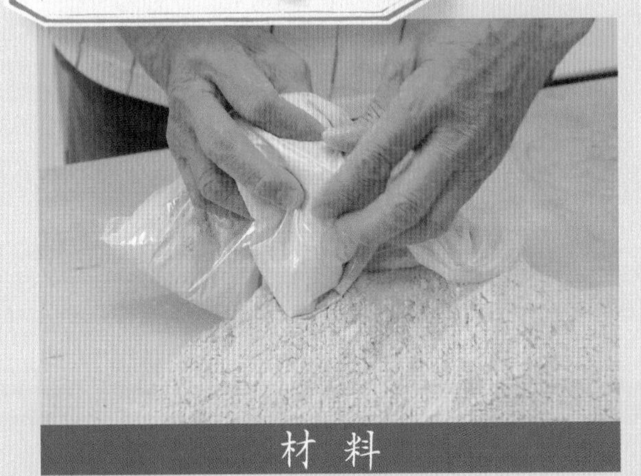

材料

每個4兩=150g（八個）

糕仔糖-------------------------600g
熟蓬萊米粉-------------------200g
熟糯米粉---------------------200g
熟綠豆粉---------------------200g

老師傅的話

記住：炊蒸糕仔潤時，不可以使用電鍋，因蒸氣太強。而糕仔潤好吃的祕訣，在於蒸好放涼時下面要加蓋一條濕布，如此放一整夜也不會變硬。而為讓印製出來的彎糕圖形邊緣立體好看，可在鋪上糕仔粉之後，以手指在每一個糕仔模型內畫圈圈，使邊緣的糕粉扎實，再鋪上糕仔粉抹平。

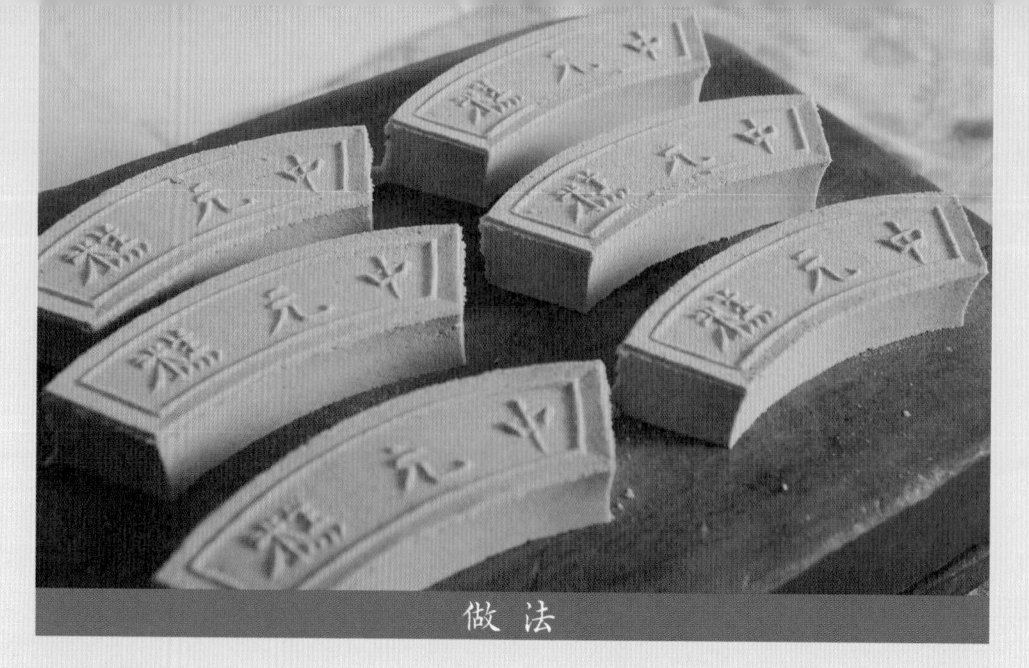

做法

【糕仔粉】

糕仔粉的做法同前「糕仔粒」，詳見p.118。

【木模操作】

1. 舀起糕仔粉，逐一平鋪在木模上。

2. 抹平，去除多餘的糕仔粉。

3. 以掌心向下壓，使糕仔粉緊密結實。

4. 此木模為三片一組的形式，除了下蓋之外，上蓋另分有左、右二片。操作時，將鋪好糕仔粉的木模立起，先拆去下蓋，再拆去上（左）蓋，然後兩手輕執兩端，將彎糕由外往內九十度傾斜，即可將彎糕置於桌面上。

5. 壓印好的彎糕，最後放入蒸籠內，以中火炊蒸十五分鐘，放涼後即成為口感Q軟、扎實的彎糕潤。

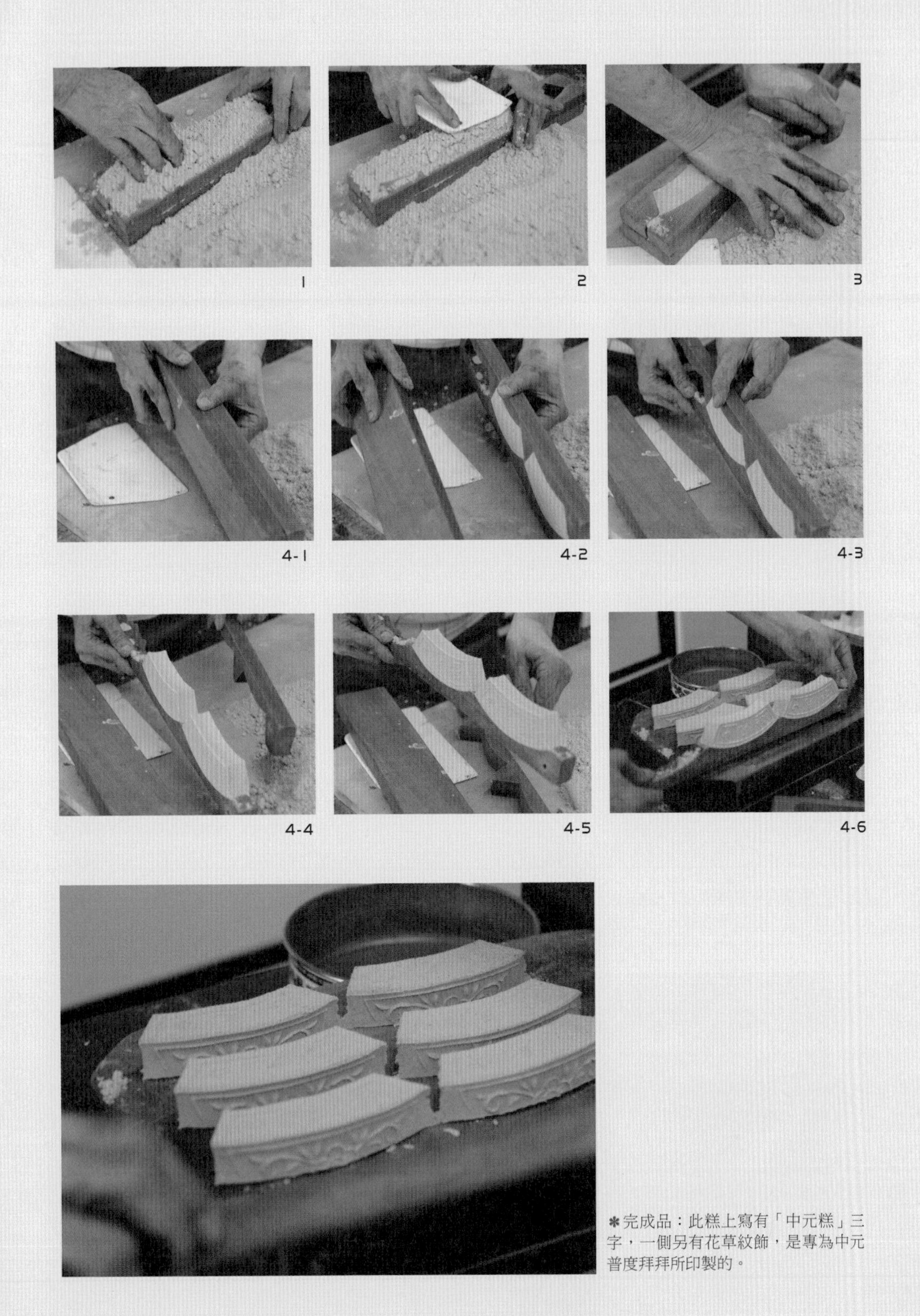

✽完成品：此糕上寫有「中元糕」三字，一側另有花草紋飾，是專為中元普度拜拜所印製的。

兩片式的壓模技巧

如果是兩片式的組合，其操作方法與三片式相同，且更加方便；只要拆除上蓋，再將下蓋由外往內九十度翻轉，即完成壓印。上列即為鯉魚造型的兩片式糕模操作步驟圖。

老師傅的話

本單元所運用的木模，為三片一組的形式，一次可以印製三個彎糕；雖然不須敲擊，較為省力，但翻轉的力道與角度，也需要純熟的經驗才能操作完美。然而，為何會有三片式與兩片式的差別呢？仔細端詳三片式糕模，會發現，除了下蓋刻有「中元糕」三字的裝飾外，在上蓋的一側還另刻有花草的紋路。也許是雕刻師傅為了雕刻方便，所以將上蓋拆成二片。

✽此為三片一組的糕模。

林賢良師傅——八十歲的國寶師傅

林賢良老師傅一九三三年生，新竹客家人，可說是台灣傳統糕餅的國寶師傅。他在將近七十年的糕餅師傅生涯裡，練就了一身好本領，如訂婚用的狀元餅、米香，或是拜拜用的福壽糕、糕仔龜、鳳片龜，以及傳統的綠豆糕、花生糕、一品糕等，通通都難不倒他。

林老師傅出身於糕餅世家，十六歲就開始與父親學做糕餅，當完兵後一直留在家鄉幫忙；直至一九六五年才上台北，受僱於饒河街御華興老店，在這裡當了兩年師傅。每年中秋，一般餅店為因應龐大的月餅需求，總會向外調工，林老師傅在離開御華興之後，也在義美餅店幫忙過三、四個中秋。憶及當時的情景，他說：「那時正流行廣式月餅，每二天就要用掉一百包麵粉，數量相當驚人。」

「全興糕餅舖」是林老師傅的個體戶店號，平常自己做自己賣，鄰近的奉天宮每逢慶典總會來訂製福壽糕。此外，全興也批發米香、一品糕、綠豆糕給其他家餅店販售。

老當益壯的林老師傅至今還自己送貨，「騎個腳踏車到捷運站，然後搭上板南線，不必換車就可直達龍山寺交貨。」說來簡單，但想到這是一位八十歲的老先生，就讓人覺得很不容易。事實上，把做糕餅當成是在做運動的他，搓揉粉糰的勁道十足，一點都不像八十歲高齡的老人。現在等著兒子從工作崗位上退下來接棒，他就可以正式退休，而做糕餅的經驗也可以永遠傳承下去了。

全興糕餅舖：台北市忠孝東路五段七九〇巷八〇號

TEL:02-27263619

林賢良師傅

現職：
全興糕餅舖負責人兼師傅
老永春餅店特約師傅

綠豆糕

由於台灣夏天溽暑，
以綠豆為原料做成的綠豆糕，成為最普遍的傳統點心，
不僅可清熱、降火，還是一道美味的茶點。
綠豆糕的做法有很多種，本單元示範的是入口綿密的糕仔，
製作法方法與前面的糕仔粒無異，差別只在於糕模的操作運用。

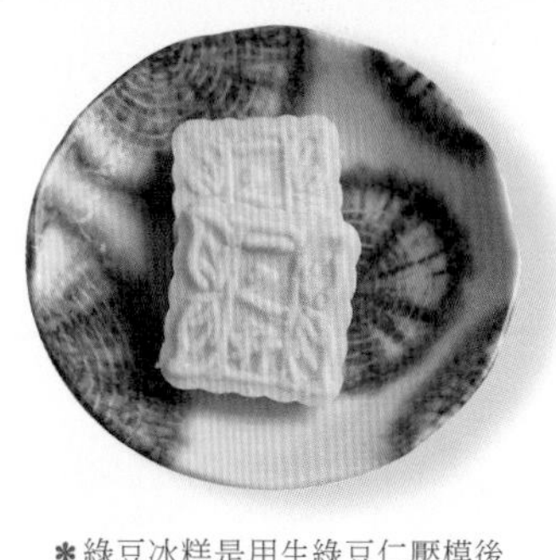

*綠豆冰糕是用生綠豆仁壓模後蒸煮而成。

多變的綠豆糕

本單元示範的是以綠豆去殼、炒熟後磨粉所製作的褐色綠豆糕，口感細緻綿密，帶著綠豆的香氣。此外，現在市售的綠豆糕，還有專在端午節時推出的「麻油綠豆糕」，以及必須冷藏的「綠豆冰糕」二種。

・麻油綠豆糕

麻油綠豆糕使用帶殼的綠豆研磨（因綠豆要帶殼食用才會發揮退火的功效），所以呈現青綠色澤；而以麻油取代豬油或沙拉油，不僅另有一番風味，在《本草備要》裡也提到，未經加熱、加薑前的麻油是屬於「涼補」，非燥熱食材，因此往昔有在端午這天吃綠豆糕的習俗。

・綠豆冰糕

至於綠豆冰糕，則是用生綠豆仁壓模後直接蒸煮而成，呈現的是淡黃的豆仁色澤，由於不添加任何米做的粉，所以水分多，需要冷藏，即名為「冰糕」的由來；也有人稱之為「雪藏綠豆糕」或「冰心綠豆糕」，都是想要呈現其冰冰涼涼的口感。

綠豆冰糕源自於中國北方的宮廷點心「綠豆黃」，由於口感爽口不油膩，加之做法簡單，不必像傳統綠豆糕需要揉拌與擀壓的繁複手續，近幾年在台灣十分流行，多家糕餅店都有推出這項商品。夏天一邊喝茶、一邊配上綠豆冰糕，頗令人享受的！

*麻油綠豆糕的含油量較高，別有一番風味。

綠豆糕

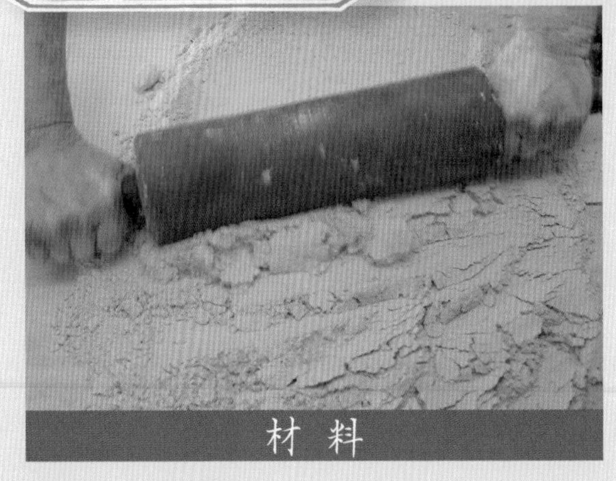

材料

每個30g（六十個）

糕仔糖-----------------------900g
熟蓬萊米粉 -----------------300g
熟糯米粉 --------------------300g
綠豆粉-----------------------300g
沙拉油-----------------------150g

✽熟糯米粉

做法

【糕仔粉】

糕仔粉的做法，同前「糕仔粒」，詳見p.118。

1

【木模操作】

1. 舀起糕仔粉，逐一平鋪在木模上。

2. 抹平，去除多餘的糕仔粉。

2

3. 以掌心向下壓，使糕仔粉緊密結實。

4. 此木模為一印製單顆的有柄糕模，只要手執握柄，翻模敲出即可；也可利用木棍在糕模上輕敲，使糕仔脫模而出。

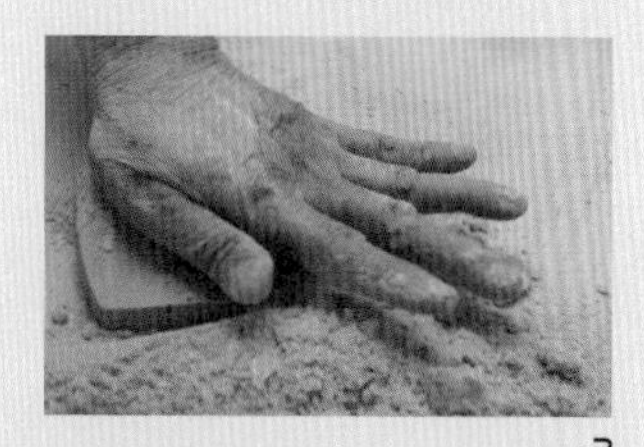

3

4

創新口味的糕點

綠豆糕、花生糕是傳統糕點常見的口味，但為了吸引新一代的族群也能對糕仔產生興趣，現今糕餅店無不挖空心思，在糕仔粉中摻入一些新配料，如雪白的牛奶、粉紅的梅子、綠色的抹茶、黑色的芝麻以及咖啡色的巧克力粉，不僅增加了糕仔的風味，也讓傳統的糕仔變得像法國甜點「馬卡龍」般五顏六色，吸引年輕人的注意。

新口味的糕仔製作方法，與綠豆糕大同小異。以製作巧克力口味來說，只須另將等量的巧克力粉與糕仔粉拌勻，再經過手擀研磨、過篩，再進行壓模等動作，做出來的糕仔即擁有香醇濃郁的巧克力味。可見只要花點巧思，相信大人、小孩都會喜歡各種創新口味。

✽綠豆糕（上）、花生糕（下）是傳統常見的口味。

✽五顏六色的糕仔，是否也像馬卡龍一般引人垂涎？

巧克力糕的製作步驟

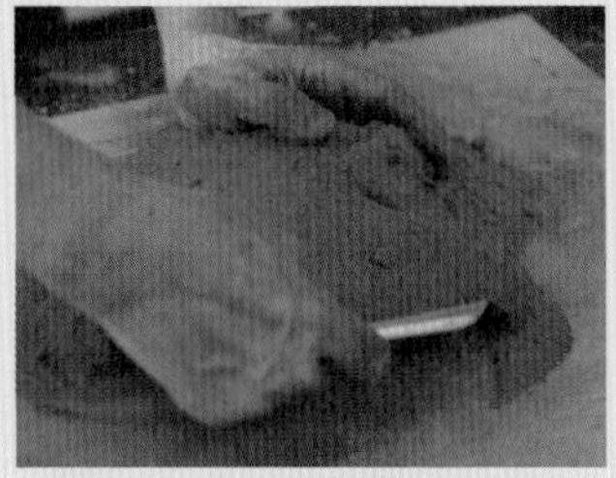

1 將巧克力粉與糕仔粉拌勻

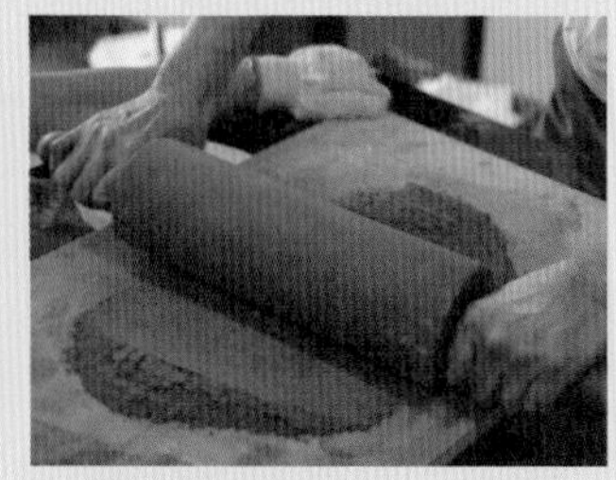

2 手擀研磨

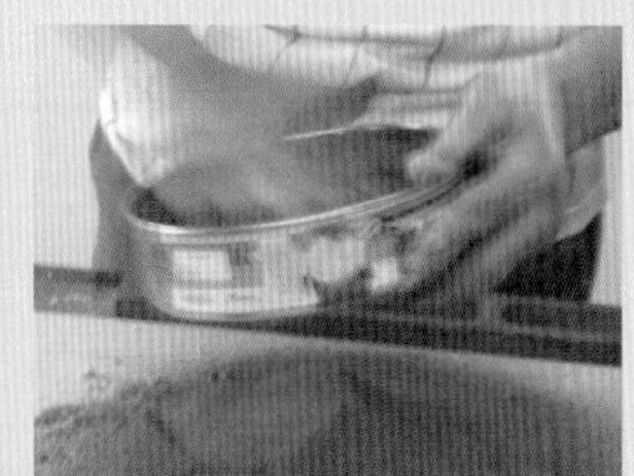

3 過篩

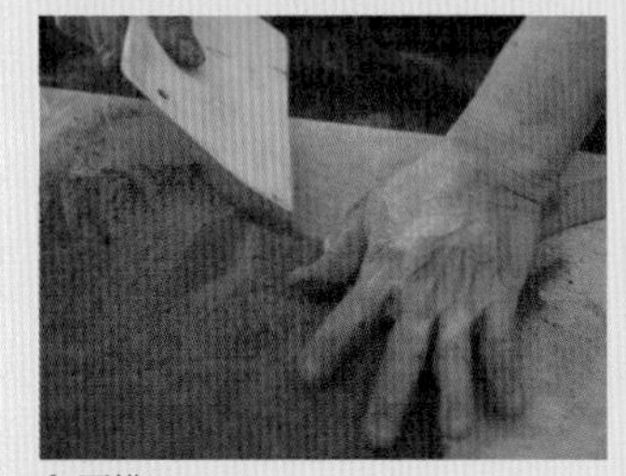

4 壓模

5 敲模

6 脫模

✽巧克力糕擁有香醇濃郁的巧克力味。

一品糕

「一品糕」雖名為糕，
但其實綜合了鳳片粿皮與糕仔二種米製品，作工相當繁複。
糕仔必須先平整成四四方方，約二公分高，
然後放一夜收水，才可以包覆在鳳片粿皮中。
名為「一品」，即表示此糕點之典雅、高貴，
早期多是茶室用來搭配茶飲的點心，
也是國寶級林賢良師傅的一大絕活，據說目前全台北市只剩二位師傅會做。

一品糕

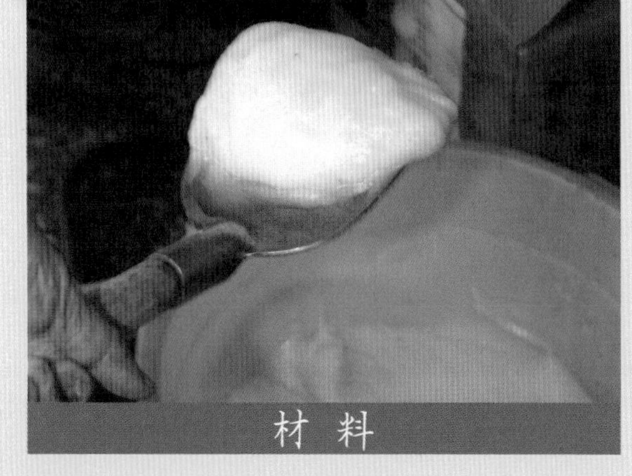

跟著做 Step by Step

示範製作：林賢良師傅

材料

每塊約0.5兩=19g（三百五十塊）

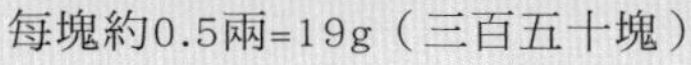

【糕仔】

熟糯米粉-----------------1200g
糕仔糖 ------------------1500g

【鳳片粿皮】

熟糯米粉-----------------1200g
糖水 ----------------------3000g

TIPS

老師傅的話

一品糕看似簡單，其實做法不容易。糕仔僅以熟糯米粉加白糖製成，味道清爽、口感綿細，搭配上外層ＱＱ的鳳片粿皮，一種糕擁有兩種絕妙不同的滋味。林賢良老師傅叮嚀，糕仔糖要多一點，才會使熟糯米粉黏合；而鳳片粿也要做得比一般鳳片龜較濕潤，所以糖水的比例要多加一些。

糕仔

1. 把熟糯米粉與白色黏稠的糕仔糖一起拌入，攪拌混合。

2. 再用擀麵棍來回反覆操作五次，讓糖與熟糯米粉充分黏合一起。

3. 把擀好的糕仔粉過篩，讓粉末更加細緻，口感才會好。

4. 將過篩好的糕仔粉放置於方形（長約56公分、寬約48公分）的模具中。

5. 先用手將糕仔粉平鋪於模具中，鋪至約二公分高，四個角落均要填滿；再利用有鋸齒狀的半圓形鐵片在糕仔粉上來回刷均勻，最後再用底部平坦的鐵片進行表面整平。記住：動作要十分輕柔，不可過分擠壓，且要讓整個糕仔粉每一處的高度皆一致。

6. 將模具的框架拿掉，白色的糕仔粉就像是一塊豆腐般。

7. 然後，再做四個邊緣整平的動作；一邊拿著長木板放在邊緣，一邊用平坦的鐵片整平，即大功告成。

8. 最後，在糕仔上放置粉紅色的紙張，上面再蓋條半濕的布。靜置一晚，讓糕仔收水後，才可以再進行鳳片包裹的動作。如果收水時間不夠，糕仔將會粉碎不成形而無法包覆。

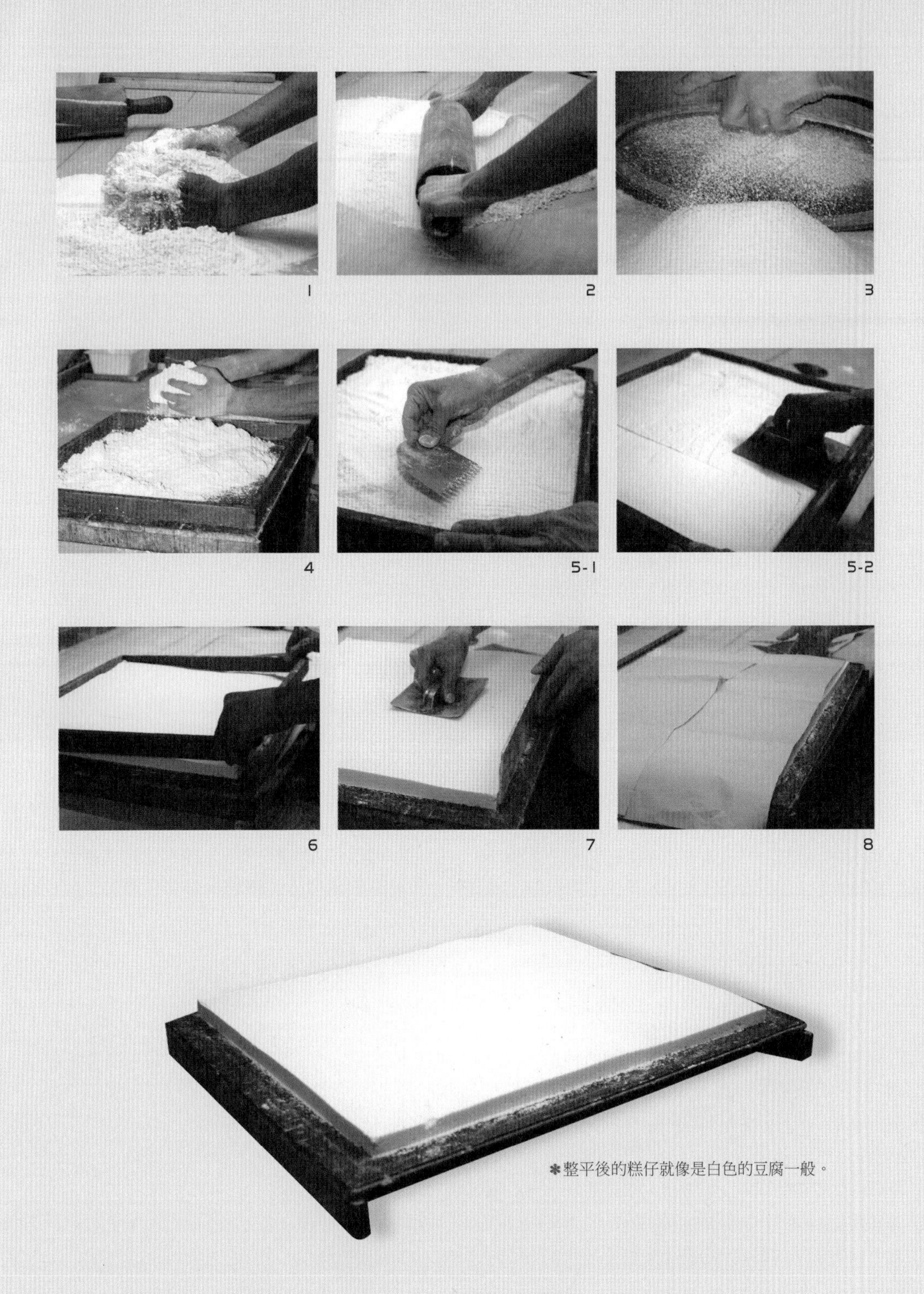

✽整平後的糕仔就像是白色的豆腐一般。

鳳片包裹

1. 將熟糯米粉與糖水混合揉成粿糰，再加入七號色素染成粉紅色。（詳細鳳片粿皮做法，請參考「鳳片龜」單元，詳見p.153）

2. 將揉好的鳳片粿糰灑上太白粉，以防止沾黏，並整形成長條狀。

3. 以擀麵棍將鳳片粿糰擀成薄片，長約165公分、寬約48公分、厚度約0.5公分。注意：粿皮長度約是糕仔的三倍，寬度則與糕仔同寬，才能將糕仔包裹在內。

4. 再用小擀麵棍收邊，以使得厚薄度均勻，邊緣不會太厚。

5. 將糕仔平均切成十六等分，每條約3.5公分寬。

6. 在擀好的鳳片粿皮上塗上冷開水，以增加黏性。注意：不可用生水，必須是煮過放涼之後的水。

7. 取一條糕仔放於鳳片粿皮上。

8. 將鳳片粿皮切成適當可以包裹住糕仔的寬度。

9. 將鳳片粿皮一一黏合起來。

10. 利用兩片木板夾住、翻面。此步驟需要高度的技巧，才翻轉得過來。

11. 將十六條一品糕包完，必須再靜置六小時，待鳳片粿皮內的水氣被糕仔吸收、兩者完全黏合在一起才可以切。如此，即完成小巧精緻的一品糕。

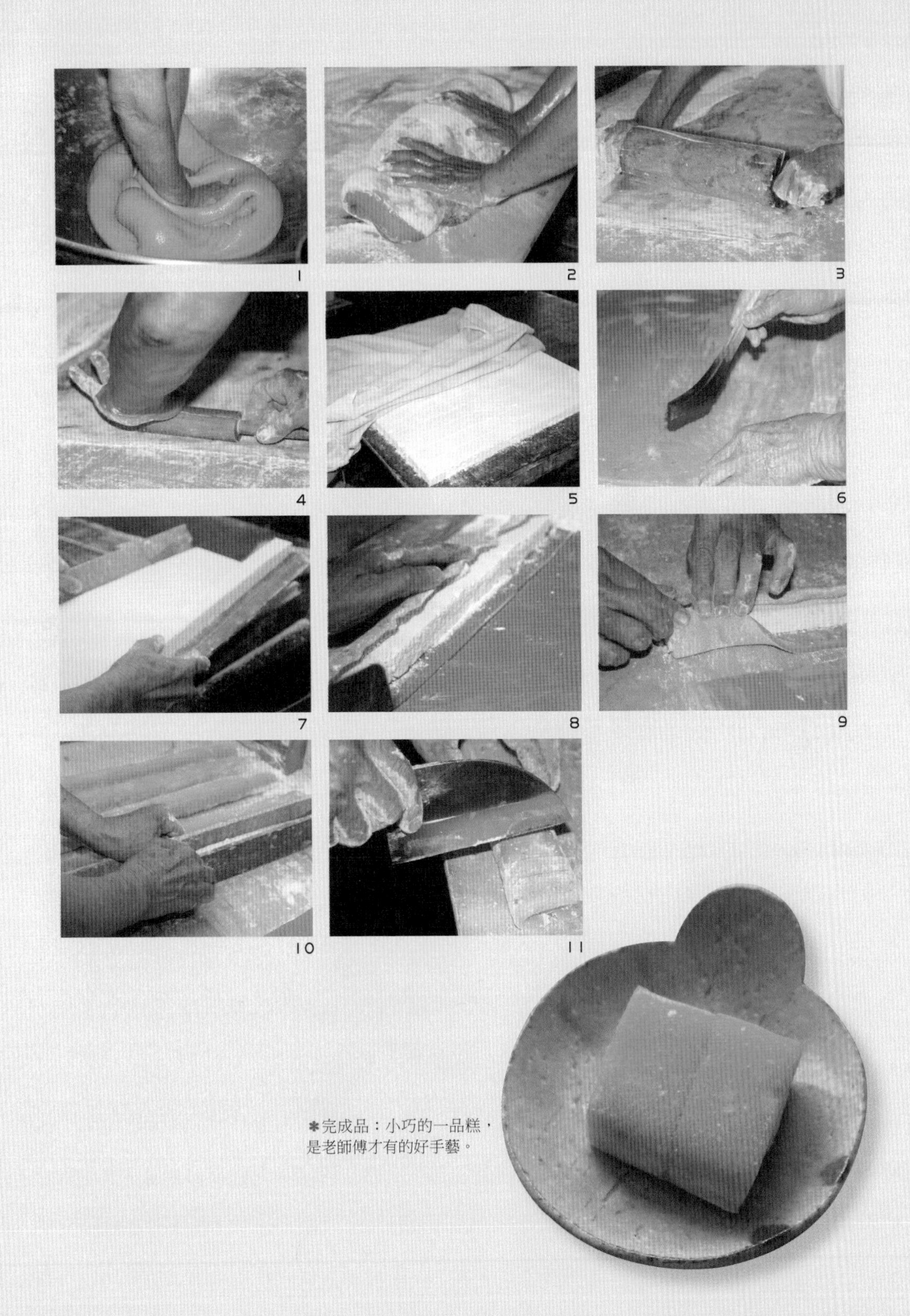

✽完成品：小巧的一品糕，
是老師傅才有的好手藝。

粿

依據《康熙字典》，「粿」有米食、粿糏之意，
也就是利用椿米剩下的碎屑加工製成粉末；
現今是指將米磨成漿，經脫水、揉壓、炊蒸等手續所做出來的米製點心，
福佬人稱「粿」，客家人說「粄」。
昔日農家都會自行印製，以供年節、慶典酬神拜拜使用。
常見有紅龜粿、桃仔粿、草仔粿，
日治以後為求製作方便，而有了「鳳片粿」的出現。

紅龜粿

紅龜粿，顧名思義是印上烏龜造形的粿，
因台語「龜」與「久」諧音，代表長壽之意；
又因染成紅色相當喜氣，
不論是祝壽、結婚、年節或是廟會慶典等喜慶場所，
都少不了紅龜粿，是台灣很有特色的傳統點心。

紅龜粿的運用

紅龜粿的口味可甜可鹹，一般常見紅豆沙與花生內餡；上面的龜形圖案（印桃形圖案的為桃仔粿），具有長壽的吉祥意涵，常用在滿月、周歲、結婚、做壽等人生重大節日，以及天公生、土地公生等神明誕辰或廟宇建醮時。依據客家習俗，若家中有新生兒子，則要特地「打紅粄」（做紅龜粿）到廟裡拜拜還願；這時候做的紅粄又稱為「新丁粄」，以台中東勢元宵節的「賽新丁粄」最為熱鬧。此外，台灣不少廟宇也在元宵節這一天舉辦「乞龜」活動，尤以澎湖最為盛大，供桌上擺放了大大小小的龜製品，如紅龜粿、糕仔龜、米龜、鳳片龜等，供信眾擲筊乞「龜」回家供奉或吃平安，但來年必須答謝奉還，信眾可視個人的經濟能力如數或加倍償還。

現代紅龜粿的速成做法

以前製作紅龜粿是相當耗時、費力的事。首先要將米浸泡一個晚上後，用石磨將米磨成米漿，然後倒入粿袋中，放在椅條上，再用扁擔或是石塊等重物壓置其上，每隔一段時間最好翻動一下，並隨著水分縮減慢慢調整扁擔的緊縮程度，一直到水分完全乾了為止——如此可能需要耗掉大半天的時間。

現代人沒那麼多閒功夫慢慢磨米，想要自己製作紅龜粿，怎麼辦？聰明的人想到可以利用果汁機來幫忙，不用幾分鐘，粒粒分明的米粒就變成流動的米漿。想要再省事一點，還可以到雜貨店直接買現成的粿粉來做（不過，是否為純正米粉，就不得而知了）。至於脫水形成粿粉糰，則可以用洗衣機。記得要將粿袋的口以棉繩緊緊綁住，以免米漿灑出來；如果怕棉布袋不牢固，還可再加裝一層，約五分鐘不到，米漿就變成了細白的粿粉糰。

早期做紅龜粿是一件相當神聖的事，嚴禁小朋友講些不吉利的話，或隨便亂碰東西、掀蒸籠；甚至連孕婦、服喪者或有月事的婦人都不得靠近，以求用來敬神祭祖的粿聖潔，以表虔心。現今不僅製作方式改良、製程簡化，連禁忌也沒那麼多了。

✽印有龜形的紅龜粿具有長壽的吉祥意涵。

跟著做 Step by Step

每個約80g（十個）

【粿糰】

圓糯米----------------------600g
細砂糖----------------------少許
紅麴粉----------------------少許

【內餡】

紅豆沙----------------------200g

【其他】

調理紙----------------------10片

粿皮

1. 先將圓糯米洗淨，泡水二小時。米粒浸軟後撈起，放入研磨機中加入清水攪打，成為無顆粒、黏稠狀的米漿。

2. 將打好的米漿倒入脫水機中脫水，讓水分完全濾出，形成乾硬的「粿粹」。

3. 掰一塊粿粹（約37.5公克）放入沸水內煮軟，浮起就可撈起來放冷後備用，稱為「米粹」。

4. 把其餘粿粹放入鍋中壓碎，再加入步驟3.的米粹一起放入攪拌器中揉壓，以增加糯米糰的Q度。這時，可視個人口味，加入少許砂糖（可加或不加）、紅麴粉。

5. 均勻搓揉後，即成為淡紫紅色的粿皮。

1 2 3 4 5

包餡與木模操作

1. 粿糰取一小塊約60公克重，放入掌心搓成圓球狀之後壓平。

2. 包入煮好的紅豆沙餡約20公克，收口壓緊。

3. 將龜模塗上一層花生油，粿糰收口朝上輕輕壓入印模中。

4. 平均受力後，打開粿模上蓋，將粿糰取出，放在調理紙上。（若要更有鄉土味，可使用月桃葉或香蕉葉，記得葉子也要抹點油，才不會沾黏）

5. 將紅龜粿放入蒸籠內，大火蒸約一小時即完成。記得：每五分鐘要掀開蒸籠一次，讓熱蒸氣散去，紅龜粿才不會軟塌。

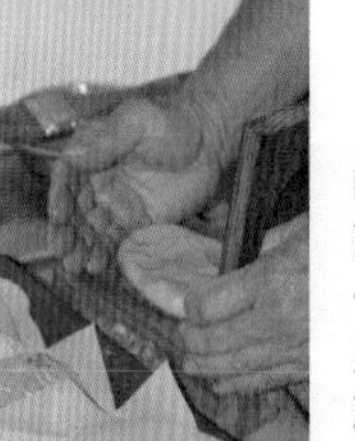

有活動蓋的粿模

本單元紅龜粿製作所使用的粿模，是具有活動上蓋的，使用的方法與一般粿模無異，差別只是需打開上蓋把粿糰取出。而附加上蓋的目的，是為了控制每一次壓印出來的紅龜粿厚度與形狀，以免因力道不同而大小不均；這一點關係到賣相，對於以販售紅龜粿的店家來說十分重要。

✱完成品：剛蒸好的紅龜粿相當軟，放涼後較Q、有咬勁，最好當天吃完，不然就要放冰箱，以免變質。

「包」和「擦」的粿皮做法

✱現代做法多直接調和染料塗抹於粿皮上。

早期製作紅龜粿使用的染色劑是「紅番仔米」，又稱「紅花米」，是由紅番仔米種子磨成粉末製成的植物性染料；現在多由人工色素所取代，六號為紅色、七號為粉紅色。

上色的方法，昔日是用「包」的：也就是取一半粿皮調入染料，揉合均勻，再取染色與未染色的粿皮各一塊，重疊後包入內餡，因此一口咬下可以吃到紅白兩層粿皮，口感較厚實有彈性。

而今日為製作方便，大多是用「擦」的，也就是直接調和染料塗抹於粿皮上；或是直接在揉糯米糰時加入染料，使之成為紅色的粿皮包餡。

現代人更注重養生，因此本單元介紹的紅龜粿是以紅麴粉來染色，蒸好後顏色呈現自然的紅麴色澤。紅麴粉在一般中藥行就可以買到。

✱一口咬下，可見外紅內白的粿皮，就是用傳統「包」的做法所做成的。

葉睿彩師傅——擁有五十年的好手藝

葉睿彩師傅一九五三年生，苗栗南庄人，從事客家傳統米食的製作已五十多年。「生計」，是葉師傅位在通化街「坡心市場」小攤位的店號，是懂得門路的人才知道的老店。

葉師傅的好手藝傳承自母親。早在孩提時代，他母親便在通化市場以傳統的客家美食打出響亮口碑。葉師傅三十多歲結婚後便獨立門戶，與太太張碧玉一個主內、一個主外。每天清晨三點，他就得起床準備磨米、炊粿，八點再由葉太太拿到市場口販售，一直賣到下午一點收攤。每天紅龜粿只供應三十個左右，想吃就得趁早。此外，還有艾草粿、菜包、碗粿、菜頭粿等客家美食，讓人大飽口福。

問起葉師傅做紅龜粿有何祕訣？他說：「真材實料就好吃。」所以，他還是不辭辛勞地從磨米漿開始做起，而不是貪圖方便用現成的粿粉；且為了養生，而改以紅麴粉入色；甚至連紅豆沙內餡都是自己蒸熟、拌炒的，可說每一道程序都不馬虎，也才能成就五十年的老字號。

生計：台北市通化街五七巷八號之一　TEL:02-27070975　每週一公休（假日除外）

✽太太張碧玉是得力助手。

葉睿彩師傅

現職：
生計客家米食師傅兼老闆

草仔粿

除了鮮紅欲滴的紅龜粿之外，在清明時分也常印製灰綠色的草仔粿拜拜。其製作的方法與紅龜粿大同小異，差別只在於紅龜粿加的是紅番仔米，而草仔粿則是摻入鼠麴草（台語稱為「刺殼草」），揉成粿皮，因此又稱為「鼠麴草粿」、「刺殼草粿」。另外，客家人也有以艾草來做成的「艾草粿」。

清乾隆年間余文儀所寫的《續修台灣府志》中，有關於鼠麴草粿的記載：「三月三日，採鼠麴草合米粉為粿，以祀祖先，謂之『三日節』。」清代詩人鄭大樞〈風物吟〉也提到：「宜雨宜晴三月三，糖漿草粿列先龕。」可見此項食俗由來已久。

農曆三月三日即為「清明節」，為台灣重要的歲時節令，因俗諺云：「拜粿就有傢伙」，意思是說用粿來祭拜祖先，可以保佑子孫賺大錢，所以「粿」類點心就成為清明節不可或缺的供品。

一般在農曆十月農田收割後，田地間常可見白茸茸的鼠麴草，全株密被白色絨毛；約初春時開黃色頭狀花，長至五公分高時最為稚嫩，可以趁此時多摘採、曬乾儲藏，以利年節做粿時使用。

草仔粿的做法，是將採下的鼠麴草嫩葉、花蕊洗淨，用滾水燙過、去除澀味，再取出、瀝乾水分後切碎，然後再混合糯米粉，與油、糖一起揉成粿糰，最後再包入紅豆、鹹綠豆或菜脯米等準備好的餡料，蒸熟後便成為美味健康的草仔粿，擁有獨特的青草香。

現今草仔粿已變成普遍可見的鄉土小吃，如九份、深坑、平溪、奮起湖等山城，均開發出多種不同口味的草仔粿，不再只是清明節才吃得到了。

✻左為紅龜粿、右為草仔粿。

鳳片龜

以鳳片粿印製龜紋而成的「鳳片龜」，多作為大型的慶典供品。
鳳片粿又名鳳片糕、方片糕、紅片糕、虹片糕、肪片糕、皇片糕或豐聘糕等，
都取其台語紅色的「方方片片」的諧音；
雖又名為「糕」，但其實也是粿類食品的一種，做法與紅龜粿相似；
其間最大的差異，就是鳳片粿的原料為熟糯米粉（又稱鳳片粉），
而非生糯米再加工研磨，不僅製作程序較紅龜粿簡單迅速，食用的期限也較長，
其Q彈的口感更是與紅龜粿軟黏的滋味大異其趣。

鳳片粿的由來

傳統農業社會時代，幾乎農家婦女人人都會製作紅龜粿，以供年節祭拜所需，但隨著時代的進步，繁忙的生活加上人口數減少，使得年節做粿不再是家庭化的工作，而多向糕餅店直接購買成品。為了因應消費習慣的改變，以及延長粿類食品的品嘗期限與簡化製作工序，於是有了「鳳片粿」的誕生。

早期製作紅龜粿，光是磨米、脫水做成粿粹、再揉成粿糰這幾個步驟，就要花掉大半天時間。現在糕餅店製作鳳片粿，因使用代工處理好的熟粉，直接加糖水混合揉成帶有韌性的粿糰，約三十分鐘便可大功告成；再依照大小斤兩所需，壓印上不同紋路的木模，一塊塊龜、桃、牽仔……各式造形的鳳片粿，就靈活神現了。

由於鳳片粿具有方便就食與快速製作的優點，因此受到祭拜者的歡迎，常可在廟會乞龜活動、神明祭拜中見到此項供品。

✽鳳片粿一做好就可以切片來吃，不須經過蒸煮。

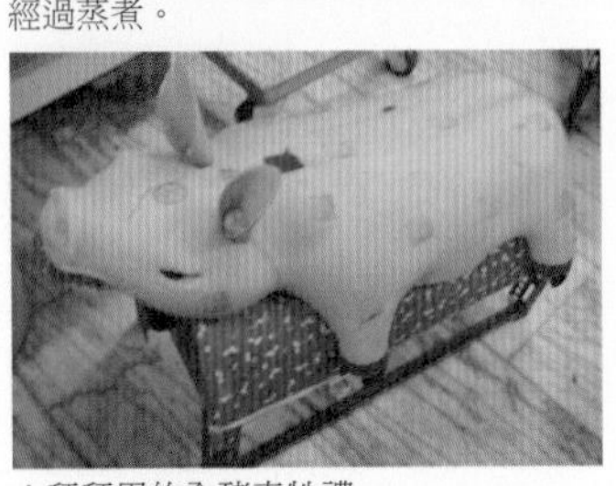

✽拜拜用的全豬素牲禮。

近年來，針對七月普度全豬、全羊的祭祀需求，也有店家推出以鳳片粿做成的三牲、五牲牲禮，從半斤、一斤到二十斤重的豬公都有，也有烏龜、雞、羊等吉祥動物造形；或是以鳳片粿捏成豬頭及四肢，身體再黏貼上各種糕餅，而成為另一種創意的祭祀供品。

✽鳳片粿的製作相當簡便，可隨顧客需要壓印上不同造形的紋路。

鳳片龜

材料

重量3斤＝1800g（一個）

熟糯米粉--------------------600g
白砂糖-----------------------720g
水 ----------------------------480g
紅色色素---------------------少許

老師傅的話

製作鳳片龜時，必須先熬煮糖水，放冷後使用，如果熱熱的加入，糯米粉容易「發」起來；也不可以直接加入糖粉，吃起來口感才不會沙沙的。而鳳片龜要Q彈好吃，「搓揉」粿皮的勁道絕不可馬虎，所以必須要有豐富的經驗與力道，才能掌握其間要訣，鳳片粿才會Q軟。雖然鳳片龜的保存期限比紅龜粿長，約五、六天，但仍屬米製點心，記得：放愈久口感愈硬，且不能再蒸煮，會分離成漿狀，所以還是儘早吃完才能品嘗到最佳的風味。

粿皮

1. 將白砂糖和水煮成糖水（糖與水的比例為三：二；如果不要太甜，水可加多一點），冷涼後備用。

2. 將熟糯米粉倒入鍋中，加入三分之二的冷糖水，快速攪拌、搓揉；第一次攪拌時動作要快，粉糰才不會結成球狀，影響口感。

3. 再將剩下的糖水分次倒入，慢慢搓揉、與糯米糰充分混合，直至Q軟適當的程度為止。想要有古早風味，可以在糯米糰中加一點香蕉油，或是塗在表面上，特殊的香氣會讓人有懷舊之感。

4. 揉好的糯米糰表面呈光滑狀、不黏手。

2-1 2-2 3-1 3-2 3-3 4

木模操作

1. 依所需重量取出糯米糰，搓揉成圓形、壓扁，置於粿模上，準備壓印。

2. 壓印時要雙手交疊，用身體的力量向下壓。平均受力之後，再將粿糰掀起，反手置於掌心中，即完成壓印。

3. 想要討個喜氣，可在表面刷上紅色色素；或再塗抹上沙拉油，讓表面看起來光滑可口。

2-1 2-2 2-3

2-4 2-5 3

粿模側邊連錢紋的壓模技巧

如果使用的是四面雕的粿模，想印製位於側邊的連錢紋圖案，則壓印方式與正面的龜紋不同。做法不是將粿糰直接壓置於粿模上，而是要將粿模拿起，雙手持穩地印在粿糰上，使其平均受力即完成。

由於連錢紋為瘦長條形狀，為讓圖案能完整印上，最好是先將粿糰搓揉成圓柱形、壓扁，再置於粿模旁比對一下大小，才不會有粿糰過小而印製失敗的情形。

1

2

3

✽完成品：擁有大紅喜氣的鳳片龜，是廟會慶典常見的供品。

上印有龜形的鳳片龜是常見的祭祀供品，為信眾到廟裡向神明祈願或答謝的禮物，糕餅店通常依客戶需求大小來訂製，不是隨便就買得到。偶爾可以發現的，是當成休閒零嘴的小包裝，大多為條狀切塊，稱為「虹片條」（基隆．連珍），裡面包有白糖、芝麻、冬瓜糖等合成餡料，是最傳統的口味。

平安龜

二〇一二年夏天，偶然機會逛淡水老街，發現三協成老餅店裡賣著小小的「平安龜」，一組二小塊，每塊約一百公克重，共有三種口味，分別是花生、紅豆與綠豆餡，雖然是很傳統的基本款，但其紅、綠、黃的鳳片粿皮色澤，卻讓人眼睛為之一亮；尤其是強調以天然食材所製作，與市面上使用人工色素的大不相同，兼具健康飲食的觀念，再加上縮小版的平安龜顯得迷你又可愛，忍不住就買了回家品嘗。

店家強調新一代的平安龜，是嚴選西螺濁水溪特產的濁水米所製成，紅色（花生口味），加入的是甜菜根；綠色（紅豆口味），加入的是抹茶粉；黃色（綠豆口味），加入的是黃薑草。值得一提的是，它突破一般制式的想法：認為紅色就應該包紅豆、綠色的包綠豆、黃色的包花生，而讓消費者在視覺與味蕾上感到驚喜，也是這項產品的另一大特色。

很高興，傳統點心在熱鬧的觀光街道上也能看得到，而不是僅侷限於廟堂或神明供桌上。其實，業者只要加一點巧思與用心，相信老東西也可以顯得與眾不同。

✽基隆連珍糕餅店所賣的「虹片條」，是條狀切塊的鳳片粿。

✽與一品糕類似，內包有棗泥餡的「虹片卷」。

✽兼具健康概念的縮小版平安龜，有三種不同的口味與色澤。

「糖塔」

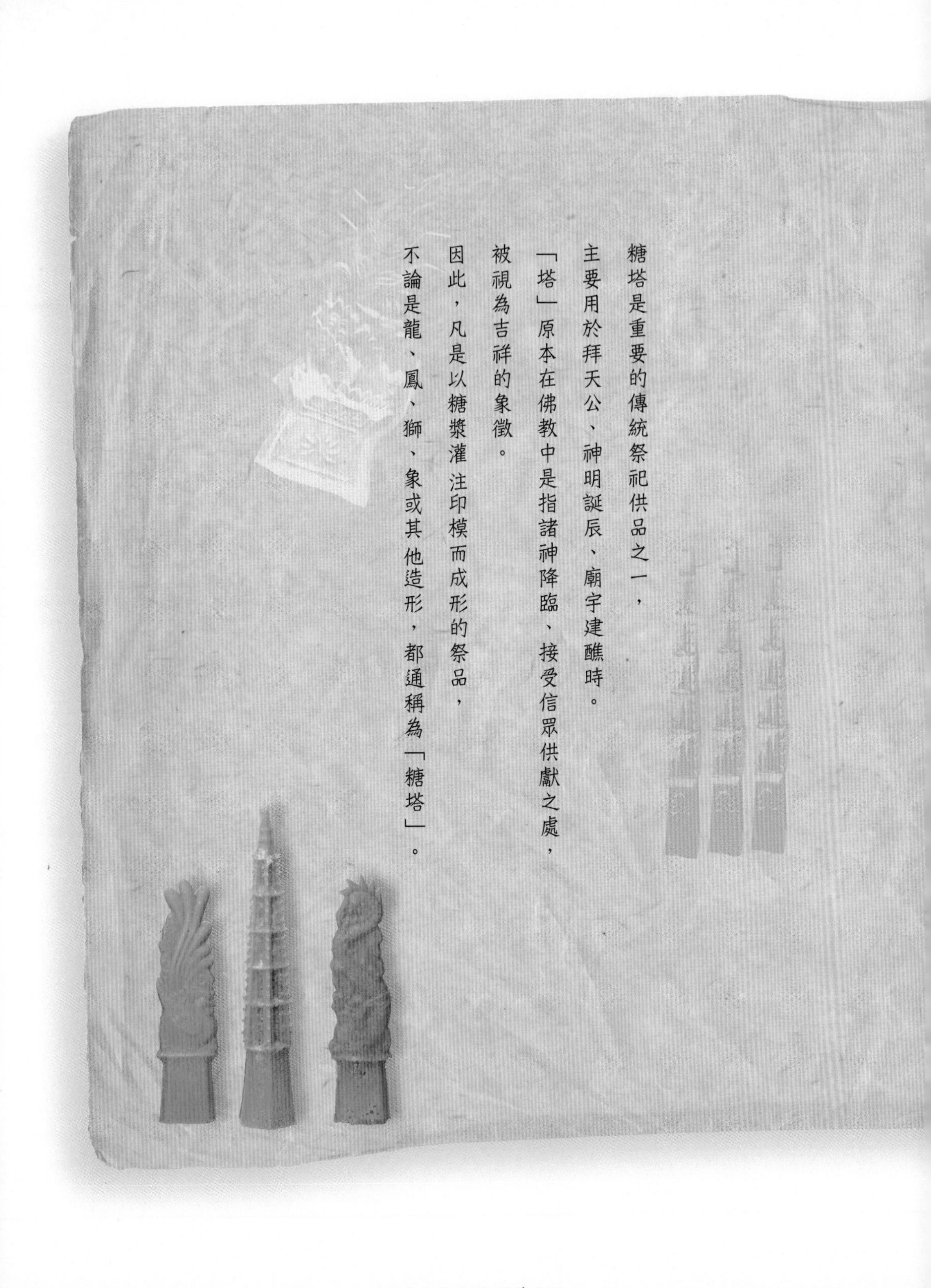

糖塔是重要的傳統祭祀供品之一，
主要用於拜天公、神明誕辰、廟宇建醮時。
「塔」原本在佛教中是指諸神降臨、接受信眾供獻之處，
被視為吉祥的象徵。
因此，凡是以糖漿灌注印模而成形的祭品，
不論是龍、鳳、獅、象或其他造形，都通稱為「糖塔」。

三秀糖塔

糖塔用於祭拜時，數量必須是單數，
以三座最為常見，
稱之為「三秀」糖塔，意指一塔二靈，
即一座寶塔左右加上龍、鳳或二隻瑞獅的一式三件組合。

糖塔的由來

傳說，糖塔的由來，與抗倭名將戚繼光有關。根據香港《文匯報》（二〇〇九年十月四日）的報導：「福建寧德市的霞浦縣有一種叫『糖塔』的中秋傳統習俗，雖已風光不再，但仍為民間所推崇。」文中指出，在明嘉靖年間的一個中秋夜，倭寇圍攻松城（即現在的霞浦城關），當地民眾趕製鹹光餅作為將士們的食物，但鹹光餅乾硬，不好就口，便也製作糖塊佐餐，糖化了又可解渴。於是，後來糖塊被做成各種造形，視為太平象徵，以紀念戚家軍的英勇功績，而逐漸演變成今日所見的糖塔。

與大陸不同的是，台灣沒有在中秋節前購買糖塔當成饋贈親友禮物的習慣，糖塔主要是作為拜天公或謝神明用的大禮，而且在神誕或建醮時，禮成之後大多拿來煮甜湯供信眾吃平安；糖塔也是廟方贈予爐主和頭家的禮物，所以才有「爐主得塔、頭家得獅」的說法。至於一般人，想要得到糖塔，必須在神明前擲筊，得最多筊的人才可以請回去。因此，糖塔可說是十分珍貴的物品，具有深遠的文化意涵。

✽糖塔模高度必須符合文公尺的吉祥尺寸。

糖塔的造形與組合

糖塔的造形，常見有寶塔、龍鳳、獅、象等圖案。用於祭拜時，數量須以單數出現，以三座、五座為多，中間皆為一座寶塔；左右加上龍、鳳或二隻獅子組成三件，稱為「三秀」；一座寶塔左右環衛著龍、鳳、獅、象一套五件，則稱為「五秀」。至於「七秀」糖塔，龍、鳳、獅、象、雞、鶴與寶塔各一只的組合，則非常少見。

所謂「秀」，應是「獸」的台語諧音，所以常見「五獸」、「五狩」的寫法；或有長壽的寓意，而稱之為「五壽」；也有同音「五繡」之稱。

糖塔的高度，必須符合文公尺的吉祥尺寸（文公尺又稱為「魯班尺」，為古代木匠訂製神桌、修建屋宅所用的一種測量工具）；即落在尺上紅色的區域為吉，黑色為凶。例如塔高五十四公分，落在大吉；龍鳳各高四十三、四十二公分，落在財德，皆符合吉祥尺寸。

糖塔也有省籍之分

關於糖塔的造形，據說有福建與潮州之分；主要辨別，在於寶塔的形體是渾圓、還是尖長。

根據馬來西亞《星洲日報》（二〇一二年一月二十五日）的報導，當地福建人於正月初九以糖塔來祭拜天公誕辰的風俗，至今熱度不減；雖然現在多是小家庭，但銷量卻是一年勝過一年。當地製作糖塔的店家模具皆從中國進口，主要源自福建和潮州，但兩地的造形有別。從福建買來的模具，做出來的糖塔是渾圓飽滿；而從潮州購入的模具，卻是塔頂尖長、塔角細膩別緻，也因此價格略高。

比對一下台灣所製作的糖塔，筆者所見大多是屬於修長的尖塔造形，不同祖籍的人在使用上並沒有鮮明區隔。從文獻資料來看，在唐山過台灣時期，起初糖塔印模多是仰賴福建、廣東原鄉輸入，但自清中葉後移民人口漸多、印模需求量大，因考量到船運的成本及風險高，遂漸發展出由台灣的師傅在地雕刻，而融合地方特色成為台灣版本了。

不過，相較於馬來西亞對於糖塔的需求未曾減少過，台灣糖塔的使用卻是逐漸式微，早期還在婚嫁或祝壽時出現，現在幾乎只能在廟會慶典中看到，自然買糖塔的人也少了，做糖塔的店家更是寥寥無幾。想尋找糖塔的蹤跡，要在傳統的老糕餅店家才看得到了。

✽此圖攝於三年一科的西港王船祭典，在道士進行登台拜表的科儀時，於祭祀的供桌上陳列有白色的五秀糖塔，為一座塔、左右各二隻獅子的組合。

三秀糖塔

示範製作：黃辰義師傅

材料

寶塔高55公分、龍高43公分、鳳高42公分（一座）

特級白砂糖----------------------3000g
水--------------------------------1200g
紅色色素--------------------------少許

首重煮糖功夫

製作糖塔看似簡單，大體脫不了煮糖、注糖、脫模等步驟，大約十來分鐘，一根立體成型的糖塔就在眼前展開，但若不是身經百戰的老師傅，技巧絕不可能純熟。

製作糖塔首重煮糖功夫，溫度不夠高，絕不能起鍋。黃辰義師傅屢次舀出糖漿放在冷水中，就是為了確認糖漿的濃稠度，一直要到糖漿捏起來像龍眼乾般的軟硬度才可以，否則糖漿太稀，做出來的糖塔會太軟、無法站立；相反的，若糖漿過稠，則糖塔容易形成中空、孔洞過多而不美觀。而將滾燙的糖漿灌入木模，也要小心避免燙傷。至於糖漿何時完全冷卻，可以拆下木模，憑的也是老師傅的經驗。

此外，使用後的糖塔模必須浸泡在清水中，一來是防止木模變形，二來是使下次製作糖塔時較好脫模。

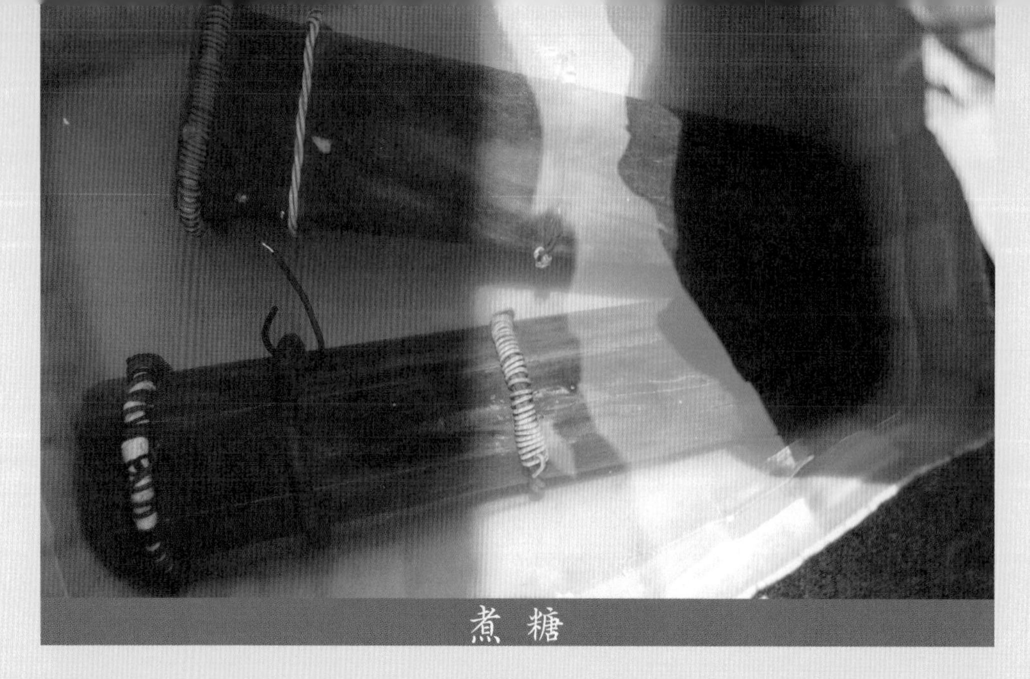

煮糖

1. 製作糖塔前，必須將木模放入冷水中冷卻。最好先浸泡一天以上，讓木模吸飽水分。

2. 將等比例的白砂糖與水放入鍋中煮，待其全部溶成糖水後，再陸續加入紅色色料，使其顏色加深。過程中要不時以杓器輕輕攪拌，以免產生糖焦。

3. 將放於冷水桶中的糖塔模子取出，倒置備用。

4. 檢視與調整模具上的圈繩，以固定好位置。

5. 將糖漿持續加溫煮至呈軟糊狀，一旁準備水杯，不時用杓子將糖漿撈起放入冷水杯中，再以手試捏糖漿的軟硬度。

2

3

4

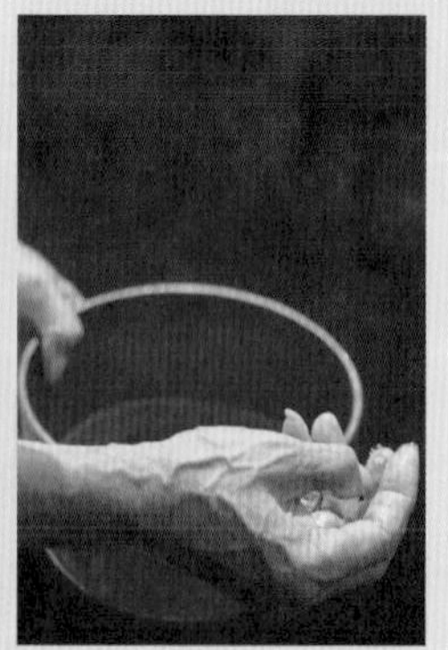

5

注糖

1. 將煮好的滾燙糖漿分別注入寶塔與龍鳳的二個模具中，使之注滿。

2. 待二～四分鐘、糖漿稍微冷卻成形之後，再將內部尚未凝結的部分倒出，使糖塔成為空心。倒出的剩餘糖漿可回鍋再用。

3. 修飾模具底部溢出的糖漿，將其刮除乾淨。

1

2

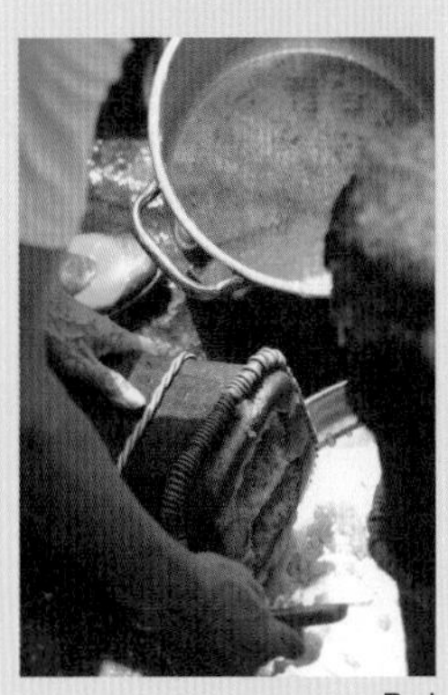

3-1

3-2

脫 模

1. 進行脫模時，先將圈繩拔出。再小心地將木模一片片拆開，即可見粉紅色澤的寶塔。

2. 接下來是三片一組的龍鳳糖塔脫模。左右兩片先拆開，再用尖銳的刮刀將邊緣略為撬開，即可將二個龍鳳糖塔小心取下。

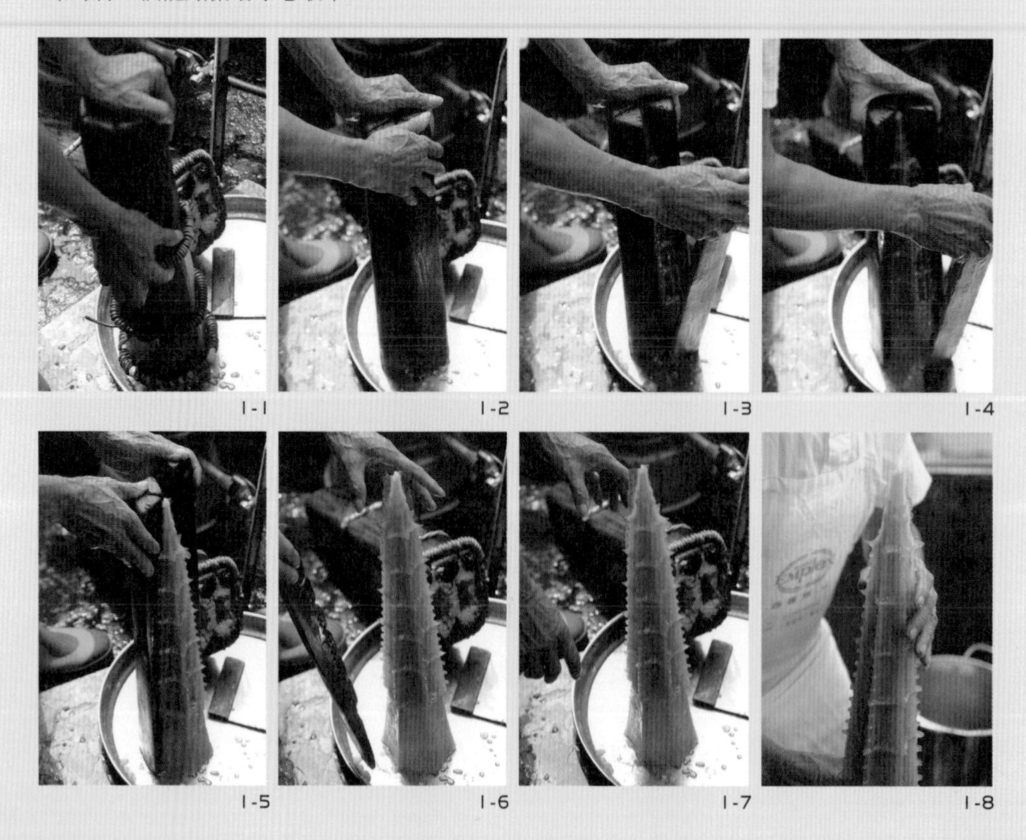

1-1 1-2 1-3 1-4

1-5 1-6 1-7 1-8

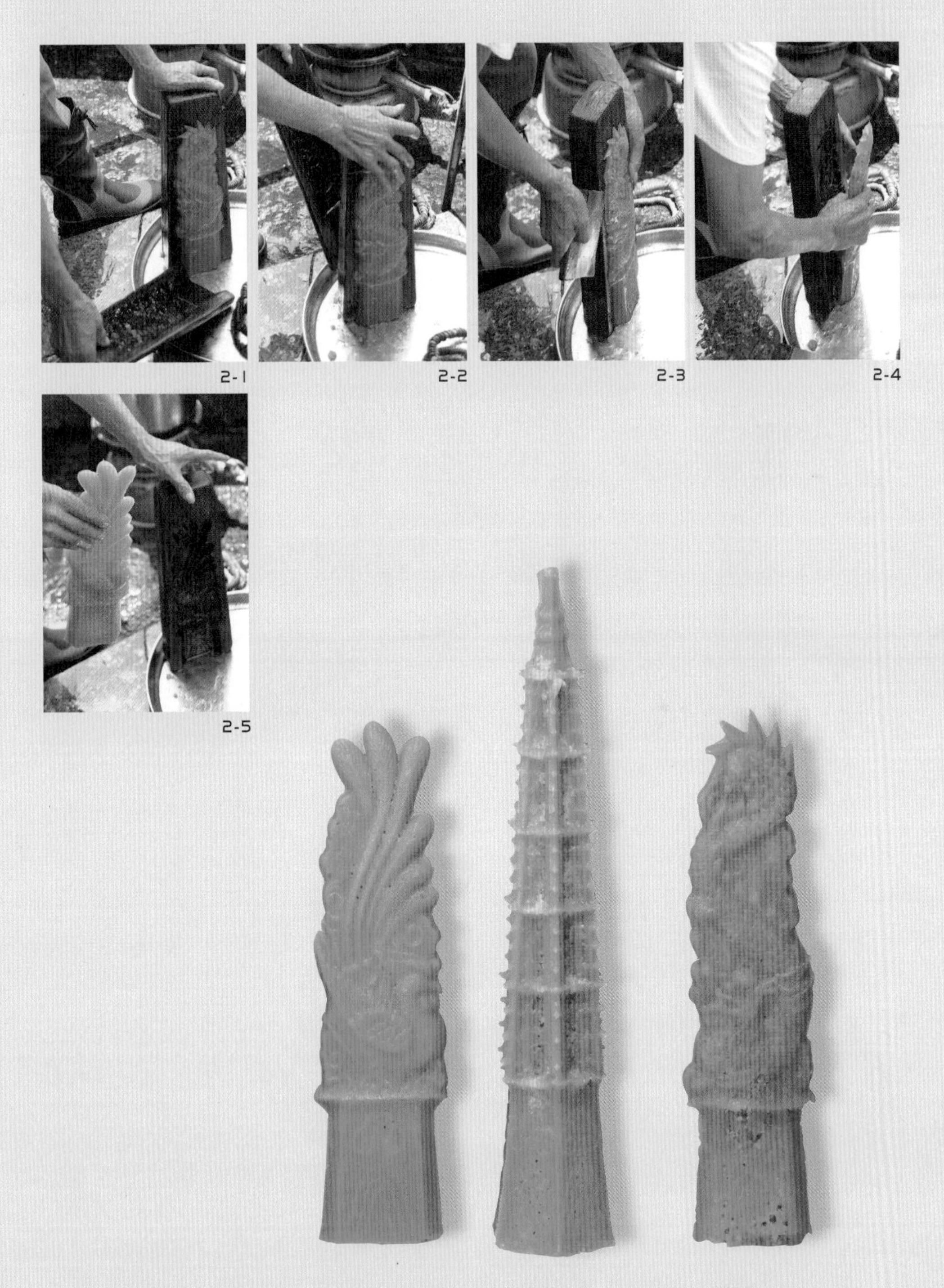

✽完成品：一座寶塔左右加上一對龍、鳳的三秀糖塔。

五秀糖塔

在莊嚴隆重一點的祭典，才會製作「五秀」糖塔。傳統完整的五秀糖塔，是指一塔四靈，即為一座寶塔左右環衛著龍（左二）、鳳（右二）、獅（左三）、象（右三）一套五件的祭品。如今遵循古法製作的不多，常見有一座寶塔加龍、鳳各兩對，或寶塔加龍、鳳、一對獅子的組合。

示範製作：黃辰義師傅

五秀糖塔

材料

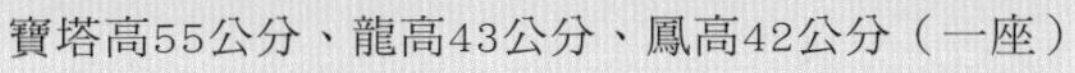
寶塔高55公分、龍高43公分、鳳高42公分（一座）

特級白砂糖------------------5400g
水-----------------------------2400g
紅色色素----------------------少許

糖塔愈白愈屬上等

一份品質好的糖塔，必須作工細膩、紋路分明，其優劣成敗，與木模雕刻及糖漿製作都有密切的關係。現今所見的糖塔多為粉紅色，是因在製作過程中添加了色素，使其看起來喜氣吉祥。也有的糖塔是呈現純白砂糖的原色，據說愈白愈屬上等；但為了避免全白，通常會在完成品的塔頂上或凸出處，點上小小的紅色。

做 法

此處示範的是「鳳・鳳・塔・龍・龍」排列組合的「五秀糖塔」，做法與前面「三秀糖塔」相同；只不過在最後步驟上，需要再重複各做一次龍鳳糖塔模的注模與脫模動作，也就是一共作出二對的龍與鳳來。

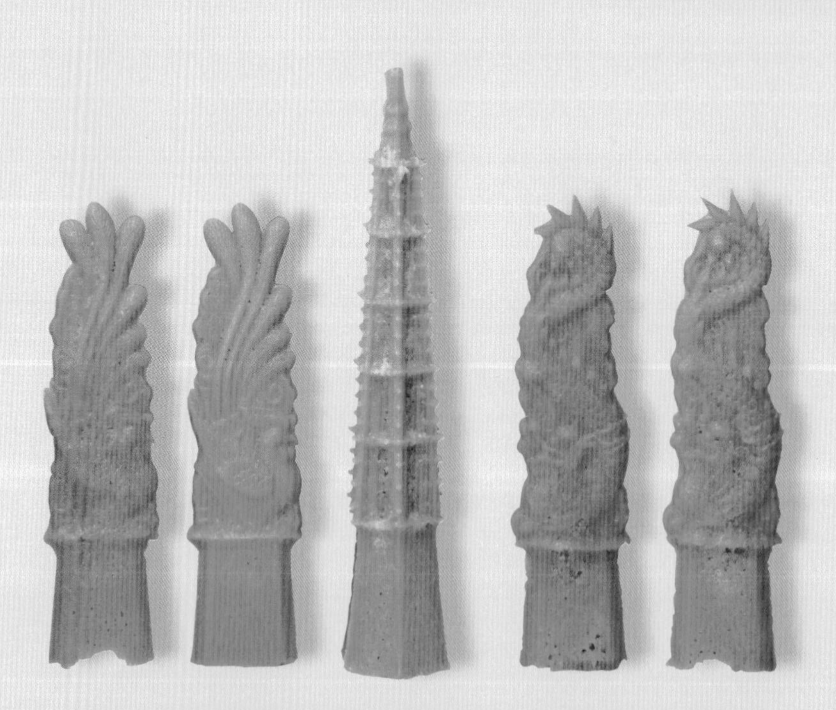

✽完成品：五秀糖塔常運用在莊嚴隆重的祭祀儀禮中，擺放次序有一定的規定。

黃辰義師傅——傳統糖塔的守護者

「永珍香」是一家已有六十年歷史的老店，至今仍供應著大溪地區祭祀、禮俗所需的糕餅，一些快消失的傳統糕餅都可以在這裡找到。近年來，因復古風潮再現，不少外地人特地前來尋找古早口味的蕃薯餅，而使得永珍香蔚為知名老店。

永珍香第三代老闆、現年七十六歲的黃辰義師傅，是桃園大溪人，十三歲就在大溪習得糖塔的製作方法，退伍後又在九份學得糕餅手藝，至今已跨過六十個年頭，擁有一身糕餅好手藝。

雖然如今糖塔的市場已沒落，但每年大溪普濟堂一到關聖帝君誕辰（農曆六月二十四日）或中元普度時，黃師傅還是要忙著製作糖塔。也有不少客戶是來自桃園、板橋及萬華一帶。目前黃師傅所使用的糖塔木模，已有三十多年歷史，是由台北大橋頭的陳和村雕刻店所雕刻的，紋路仍清晰可辨。

在訪問過程中，黃師傅熱心地擺好糖塔讓我們拍照；但一不小心，其中一支糖塔倒塌斷裂，黃師傅只好敲碎融一融，再重新鑄造一支，也因此，讓我們吃到平常難得嘗到的、以高溫製作的糖塔——滋味比一般糖果更加香甜。

永珍香西餅店：桃園縣大溪鎮中央路一〇七號 TEL:03-3882330

黃辰義師傅

現職：
大溪永珍香西餅店第三代傳人

國家圖書館出版品預行編目資料

百年糕餅 風華再現：老師傅珍藏木模技藝大公開
／張尊禎作. -- 初版. --
臺北市：北市糕餅商業同業公會，2013.03
面； 公分. --（臺灣糕餅；TB001）
ISBN 978-986-89258-0-9(平裝)

1.糕餅業
481 102001943

台灣糕餅／TB001

百年糕餅 風華再現

老師傅珍藏木模技藝大公開

作者／張尊禎　攝影／張尊禎、詹振豪、尤能傑
總編輯／簡貝亦　特約主編／彭琬玲
美術設計／張小珊工作室

發行人／張國榮
出版發行／台北市糕餅商業同業公會
地址／11168台北市士林區承德路四段270號3樓
電話／(02)2882-5741　傳真／(02)8192-6546
網址／www.bakery.org.tw
郵政劃撥／16864571台北市糕餅商業同業公會

代理經銷／白象文化事業有限公司
地址／40253台中市南區美村路二段392號
電話／(04)2265-2939　傳真／(04)2265-1171

印刷／中華彩色印刷有限公司
出版年月／2013年3月1日初版一刷
定價／新台幣360元
ISBN／978-986-89258-0-9(平裝)

「台北市糕餅商業同業公會」提供圖片之攝影：

1.詹振豪：封面右下、p51左、p72下、p75上、p82右和左中、p84下、p85左、p89左下、p93下、p95圖2和圖5~7、p96、p97圖1~3、p103圖2~5-1和最下、p107圖1~3、p116下、p118~120、p122、123上、p124~125、p126圖1~6和右圖、p127~128、p130上、p131大圖和1~4、p133圖1~2和4~6、p134大圖、p151下、p153大圖和圖1~3、p154大圖和圖2、p155圖1~3、p161、p163下、p164~168、p170下

2.尤能傑：p50左、P55右上、p59、p66上、p68、p72上、p73下、p77右、p78、p79右、p80、p171下

請沿虛線剪下

《百年糕餅 風華再現》隨書附贈

台北國際
烘焙暨設備展VIP參觀券
TAIPEI INTERNATIONAL BAKERY SHOW

讀者資料

◎ 姓名：　　◎ Facebook：

◎ 手機：　　◎ 電話：

◎ email：

◎ 職業：□烘焙業者：（店家名稱）

□餐飲科系學生：（學校名稱）

□一般民眾

《百年糕餅 風華再現》
隨書附贈
2013
台北國際烘焙暨設備展
VIP參觀券

百年糕餅 風華再現

邀您觀賞——

2013台北國際烘焙暨設備展

請沿虛線剪下

台北國際烘焙暨設備展 VIP參觀券

TAIPEI INTERNATIONAL BAKERY SHOW

◎展出期間：2013年3月28日(四)～31日(日)，10:00～18:00
◎展出地點：台北世界貿易中心南港展覽館（台北市南港區經貿二路1號）

- 本券限一人單次使用。（第二人以上請購買入場門票入場，單人單次門票NTD$200）
- 使用期間：2013年3月28日～31日，以上四日皆可使用。
- 使用本券前請務必填寫背面完整資料，資料填寫不完全者，恕不接受入場。
- 本券為《百年糕餅 風華再現》隨書附贈之VIP參觀券，不得折現。